# 一本讲透短视频

A COMPLETE GUIDE
TO
VIDEO CLIPS

唐立君／著

復旦大學出版社

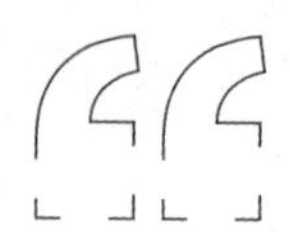

总有人问我是如何做到千万粉丝的。我给出的建议通常是，要坚持，要独立思考，要理解人性，要在某一个领域有积累和沉淀，这确实是我很真挚的表达，但说实话，对普通人并没什么太大的用处。

不是我不想说干货，而是我没有思考过一套完整的理论体系。

看完小囧君的这本书，收获很大。他就像手把手教孩子写字一样，向普通人传授接地气的短视频成长方法论。

我把这本书当成礼物送给公司里的每一个达人，不管他们是千万粉丝还是刚刚起步，都觉得受益匪浅。

如果下次别人再问我该如何做短视频，我会建议他好好看看这本《一本讲透短视频》。

**乐客独角兽创始人，抖音千万粉丝自媒体**

**崔磊**

每天6亿人打开抖音，每个用户一天看抖音约105分钟。2020年，抖音平台的广告收入超过了全国电视广告收入的总和。2021年，抖音电商飞速发展，平台全年商品交易额有望突破6000亿元。不仅对于大公司，对很多小商家和个人而言，用好抖音无疑也能带来可观的商机。但很多人首先可能会问：我在抖音上应该怎么做内容呢？我应该怎么获取自己的粉丝呢？这些问题，过去几年里我被问过很多遍。现在，我建议你从小囧君的《一本讲透短视频》这本书里寻找答案。小囧君曾经在4个月内打造了自己的百万粉丝账号，作为讲师，他有着非常强的系统性思考和方法论总结能力，是非常难得的既有理论体系又有实践经验的好老师。

**火星文化&卡思学苑 创始人**

**李浩**

再不涨粉就晚了！如果你想在短视频时代先声夺人，应该抢在你的同行之前，读一读这本《一本讲透短视频》。作者小囧君以满满的诚意、轻松的笔调，将打造百万大号的经验和盘托出。“野蛮”的背后，其实隐藏着对人性的洞察与严谨的运营逻辑。照着做，你也可以快速打造你的个人品牌。

**《广告文案》作者**

**统一、京东、万科等500强企业文案教练**

**乐剑峰**

如果你想学着创作短视频，让我只给你推荐一本书的话，那我一定会力推这本《一本讲透短视频》。关于如何做好短视频定位，制作短视频的全部流程是什么，怎样通过短视频实现你的变现目标，等等这样的问题，在《一本讲透短视频》这本书里，有你所需要的一切答案。作者小囧君作为一位绝对的实战主义者，非常擅长在实战中总结经验，关于短视频创作最实用的技巧，他将在这本书中手把手教会你。

**大娃信息科技&火焱社 创始人**

**时召祥**

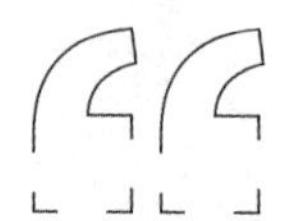

很多人都问："短视频创作应该找谁学？"我的答案是："跟有结果的人学最靠谱。"

作为短视频一线达人，小囧君4个月涨粉百万，有着丰富的实战经验；另外，作为牛气学堂的合作讲师，他治学严谨且逻辑清晰，擅于根据学员的不同特点因材施教，其教学风格深受学员青睐。

《一本讲透短视频》可以说浓缩了他在达人和讲师经历中的经验总结的精华，是市场上介绍短视频创作的难得一见的好书。

**牛气学堂CEO**

**海浪**

如果你想迅速涨粉成为一名短视频创作者，但又不知道如何创作才能突出重围、脱颖而出。你想懂得短视频运营，实现流量变现？《一本讲透短视频》能为你授业解惑。小囧君用实战经验倾心铸造的涨粉“秘籍”。实用性不容小觑，四个字“读书、照做”，你就能成功。

**CCTV《星光达人秀》特邀评委**

**董磊**

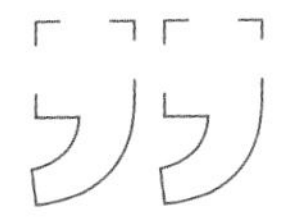

# 一本讲透
# 短视频

谨以此书

献给志在短视频领域有所建树的同行者们

——小囧君

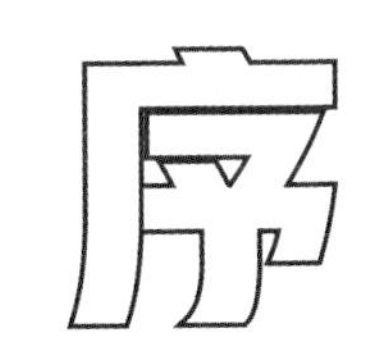


直到去年，我其实还是一个新媒体行业的门外汉，短短的几个月时间里，从行业小白，发展到推出这本书——《一本讲透短视频》，这中间，到底发生了什么，让我的角色有了这么大的转变呢？

这还要从去年上半年的一次同学聚会说起。

我有一个做导演的同学，很早自己就开影视公司，虽然不是什么知名大导演，但是也算做得风生水起。2019 年上半年我和他吃饭叙旧，具体不记得为啥，我就突然问他：你之前上班待遇那么好，为啥自己出来折腾了呢？

没想到他说了句挺深刻的话，听完之后，我承认我肤浅了，并且我还被他洗脑了。他说，他认为社会就是一部电影，之前他一直在做群演，一个随时可以被替代的群演，他现在自己做导演，只是想让自己做回主。

那一天晚上我想了很多……总之，最后我决定，也要干点什么让自己做回主。怎样低成本启动？我想到了风头正劲的短视频，并且选择了当时已经坐稳头部的抖音。说干就干，但是不得不承认我还是不如我同学，因为我没有勇气辞掉我的稳定工作。于是我一边做本职工作，一边利用周末时间钻研短视频。4 个月，一个人一台手机，拥有 100 万粉丝，视频总播放量达近 10 亿。

接下来，发生了一系列奇妙的事情：比如

接一条广告能抵我一个月工资；比如过去招聘过我的各类“大佬”现在找我是谈合作；再比如我居然在大街上被陌生人认了出来，“你……你是不是那个在网上讲知识的?”

我突然意识到，我好像已经脱离了过去的“单机模式”，开始和这个世界产生了广泛且深度的连接。过去我只为老板一个人服务，像一个群演一样，随时可能被代替。但我现在可以为很多人服务：比如正在翻阅这本书的你，我的读者，我正在为你服务；比如几千个听过我授课的学员，我在为他们服务；再比如抖音里我的粉丝，我也一直在为他们服务中。

这些让我深深感受到，未来可期。

再说回到做短视频这件事情本身，参与的过程，也像是让你在做一个导演。因为你要自己策划内容，要自己写剧本，要自己拍摄，还要自己做后期剪辑……这就是一个导演需要通盘考虑的事情。它会让你感到很费劲儿，但是这种可以自己做主的感觉，无与伦比。

我想：没准做“导演”就是你我的宿命。

也就在某一个瞬间，我忽然产生了一个念头，何不让你也看看我做“导演”这个过程中所发生的事？所以就有了这本书。我承认我有“野心”，因为我居然想带你也做一回导演，体会那种自己可以主宰一切的感觉。

通过这本书，你可以看到从“0”到“100

万粉丝”这个过程中发生的一切。我把我做短视频的方法总结成了若干个简单精练的模型，细细品味后，你不仅可以获得“野蛮涨粉”的“术”，让你掌握方法，为己所用；还能获得“野蛮涨粉”的“道”，让你悟到本质，融会贯通。

本书一共分成四个篇章：

基础篇，你可以了解四大自媒体的变现渠道，以及全网短视频的12大形式。

入门篇，你可以明确自己的短视频方向，做到快速入门短视频行业。

进阶篇，你可以收获短视频创作的独家模型，让你掌握爆款短视频的设计方法。

高阶篇，你可以习得短视频运营的深层规则，助你打造自己的百万粉丝账号。

如果说以上是教你“术”的话，我还会在每篇的最后和你分享隐藏在现象背后“底层逻辑”的一些思考，让你做到“以道御术”。

导演们，你们准备好了吗？

# 目录

# 基础篇 / 快速认识短视频

在本章节中，你可以快速了解现在市面上的一些变现渠道，“短视频”为什么是快速变现的首选，快速认识短视频是什么，并且可以初步判断、选择自己可以做哪种形式的短视频。

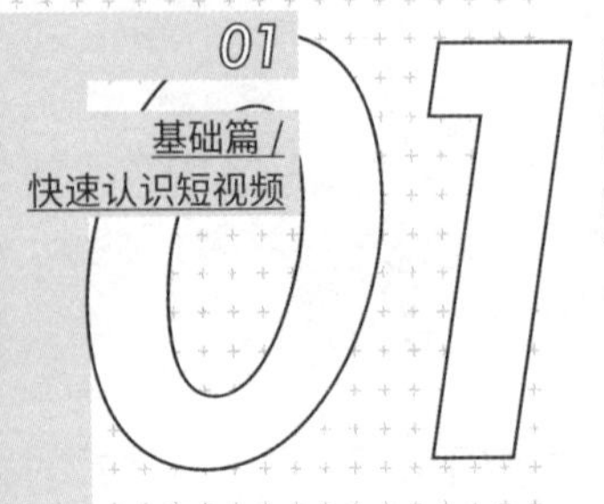


# 四大自媒体变现渠道解析

在做自媒体的这段时间里，有无数的人来找笔者咨询关于短视频的问题。

“我怎么样才能利用下班时间，给自己增加点儿收入呢?”

“我是一个产品经理，我怎么把我的专业知识卖给别人呢?”

“我们公司现在推出了一款新型电风扇，怎么样才能快速投放市场呢?”

……

这些问题，让笔者有一个深刻的感受，不管是单独的个体，还是一家公司，对于短视频这个自媒体，目前都普遍存在一种既好奇又向往的情绪。尤其是 2020 年全球新冠肺炎疫情的爆发，这样突如其来的一个“黑天鹅事件”，把这种情绪推到了顶点。

其实仔细思考其背后的逻辑，是大家对于“变现”的向往。不管是卖产品也好，还是卖知识也好，都想“变现”，而新冠疫情导致的各行各业线下业务和销售状况的疲态，使得大家

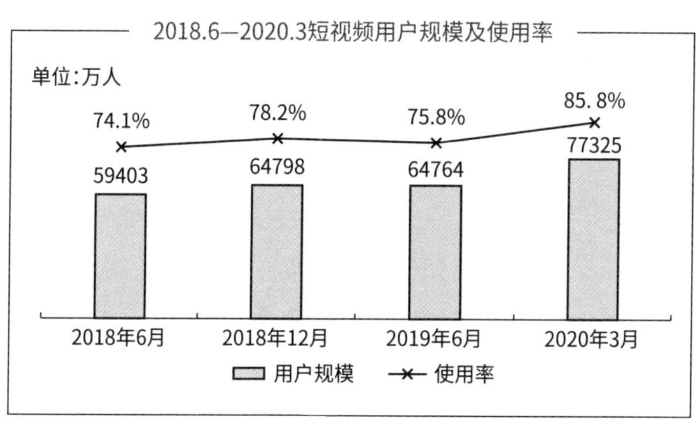


图 1-1　短视频用户数据

都不得不思考："我怎么才能在线上实现销售呢?"而短视频正好是当下的热点。据中国互联网络信息中心（CNNIC）的《第 45 次中国互联网络发展状况统计报告》数据显示，截止到 2020 年 3 月，全国短视频用户达 7.7 亿。

在分析短视频为什么这么火爆之前，需先来看看互联网上，自媒体[1]到底有哪些平台呢？注意，本书只分析适合普通大众参与的自媒体平台，像电子商务、网络游戏、互联网金融等，这些对于普通个体来说进入门槛较高，在此暂不列入讨论范围。

只有了解了最基本的自媒体平台及其运行逻辑后，你才能更理性地分析："到底哪个平台才适合我，哪个平台能达到快速助力变现的目的?"

自媒体平台，可以分为文章类平台、音频类平台、直播类平台和短视频类平台。接下来，我们会一一分析这四类自媒体平台的准入门槛、变现渠道以及各自的优劣势。

1　自媒体是指普通大众通过网络等途径向外发布事件和新闻的传播方式。

# 1.1 文章类平台

文章类平台是较为常见的一种自媒体形式，比如微信、微博、头条号、公众号和搜狐自媒体等，都属于文章类平台。这里，我们选取其中大家最熟悉的“公众号”来举例。

首先，要在微信公众号上发布一篇文章，有哪些准入门槛呢？其中最主要的就是内容的撰写能力，如果进行细分拆解，还包括逻辑的整理、主旨的概括、故事的演绎、图片的选择、有趣的文笔、创新的观点等一系列小技能。

其次，微信公众号文章怎么实现变现呢？微信公众号最直接的两种变现方法是打赏和广告。“打赏”是微信平台提供的功能，文章的读者可以支付一定的报酬给作者，而“广告”是指作者在自己的文章中嵌入一些商家的产品宣传，即所谓的“软广告”，从而获得一定的报酬。

显而易见，微信公众号文章的优势就是进入门槛低，发布速度快，任何人都可以申请自己的微信公众号，接下来就能快速地发布一篇文章。但是它的劣势也很明显：“打赏”全靠读者心情，读者都已经读完整篇文章了，为什么还要付钱呢？而“广告”收入则完全看公众号的订阅人数和往期的文章阅读量了，笔者

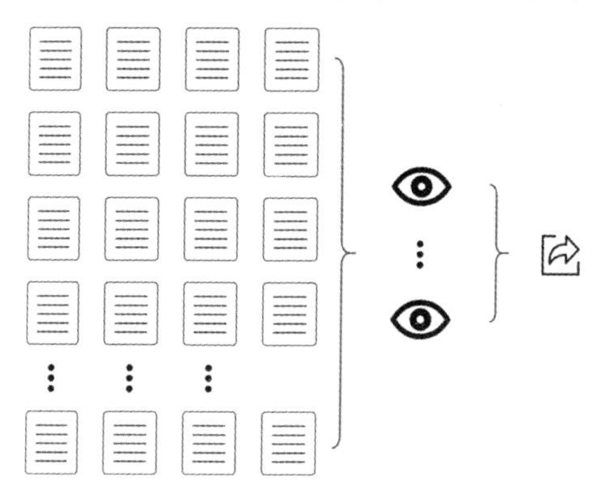

图 1-2　微信文章打开率和转化率非常低

一个好朋友沈老师告诉我，一个公众号订阅人数超过 3 万，如果往期有一篇以上 10 万阅读量的文章，那么这个公众号的作者就可以接到上万元的广告了，像之前比较火的“咪蒙”，一篇文章的广告费甚至可以达到数十万元。

与此同时，微信公众号的劣势也很明显，纯图文的阅读方式，对文章内容撰写的要求较高。许多业内的“大咖”都告诉我，大部分微信文章的打开率都在 5 以下，分享率也是个位数。也就是，10000 个人看到文章，最多也就 500 个人会打开，而在这 500 个人中，会进行分享的人也不会超过 50 个人。这对于初入新媒体行业的人来说难度太大了，辛辛苦苦花了几十个小时写出来的文章，读者却寥寥无几，这无疑是一种致命打击。

# 1.2 音频类平台

文章类平台是通过图文的方式将信息传达给用户，依赖的传播路径是“视觉”，而音频类的自媒体依赖的传播路径则是“听觉”。借助移动终端如手机，人们在“碎片化”的空闲时间内，很难集中注意力阅读一篇较长的文章类信息，随着人们的阅读习惯越来越趋向于“短时化”“碎片化”，越来越多的人已经很难长时间集中注意力仔细阅读纯文字的信息，于是音频就应运而生了。音频有一个非常大的优势，那就是“创造了一个不占用用户时间的平行空间”，也就是，用户可以一边开车，一边听着郭德纲的相声；可以一边在家扫地，一边听着托福英语听力；可以一边吃着巧克力味的哈根达斯，一边听着“如何和女朋友相处”。音频不需要用户花费 100% 的精力去认真听，他可以让你一边用眼睛和手做着一件事情，一边用耳朵来听音频，这不就是“创造了一个不占用用户时间的平行空间”吗?

除此之外，音频还可以让枯燥的文字变得生动有趣，任何人可以将一段平淡无奇的“床前明月光，疑是地上霜”配上丰富有趣的语音语调，甚至加上一些诙谐的背景音乐，整个音频就让人耳目一新了。

音频类的自媒体，比如喜马拉雅、蜻蜓 FM 等，都是常见的音频类平台。需要注意的是，这里所讨论的音频类平台并不是要求主播谱曲填词制作音乐，主播需要做的只是将自己录制的语音上传而已。下面我们拿其中大家最熟悉的“喜马拉雅”来举例说明。

首先，如果要发布一个音频，会碰到哪些准入门槛呢？主播除了要将自己所要表达的内容变成音频之外，还需具备后期剪辑的能力，最后还要给自己的音频配上封面图片和宣传文案，目的就是让用户在没有听到音频之前，看到封面图片和宣传文案后，就产生“这个作者懂我，他说得对，他的音频内容就是我要的”之类的认同感。

其次，音频类自媒体要怎么实现变现呢？通常就是最直接的购买变现，也就是，将自己的音频产品设置价格即可。

音频的优势就是，进入门槛相对于视频来说要低很多，用手机录音即可，在喜马拉雅上还推出了“有声书”的专栏，主播们甚至可以不用生产内容，而只是朗读喜马拉雅平台上提供的内容并录音即可。

但是，类似喜马拉雅这类音频媒体与文章类的自媒体一样，也会有自身的劣势。经过了几年的飞速发展，在大部分音频门类上，已经出现了头部大 IP[1]，许多用户都会倾向于选择这些“大咖”的内容收听，从而导致新手如果想从事音频类的自媒体，将很难与这些头部大 IP 竞争。

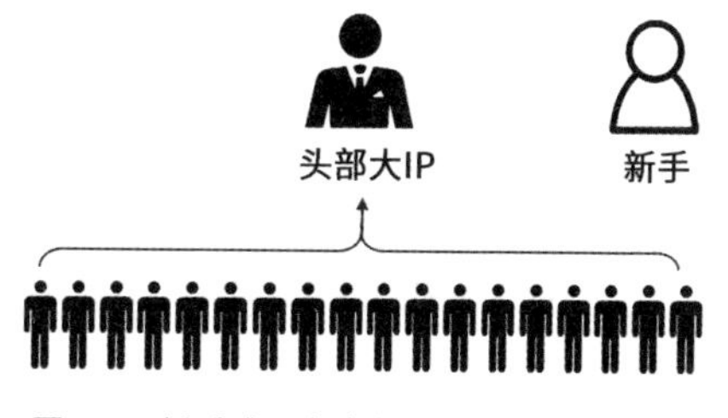


图 1-3　新手难以在音频平台上与大 IP 竞争

---

1　这里指个人 IP，网络用语，指个人对某种成果的占有权。在互联网时代，它可以指一个符号、一种价值观、一个共同特征的群体、一部自带流量的内容。

# 1.3 直播类平台

“李佳琦”的走红，到“罗永浩”和“董明珠”也开始进入直播平台，越来越多的人发现“直播”非常火爆。比如淘宝直播、斗鱼、YY、一直播，等等，都是我们常见的直播类平台。下面，以淘宝直播为例简单说明。

首先，开通一个淘宝直播，需要哪些必备条件呢？除了需要达人账号达到 L2 级别并且通过新人主播基础规则考试外，还需要有镜头感、与粉丝实时互动和灵活应变的能力等。如果想要通过直播变现，通常的途径是通过广告费和带货来实现。直播的优势是，相比文章类和音频类媒体，它更能满足用户的多感官需求。文章类媒体通过用户的视觉来传达信息，音频类媒体通过用户的听觉来传达信息，而直播则提供了视觉加听觉的双重享受。但直播也有其劣势，就是它非常考验主播的灵活应变能力，任何一个现场的小失误都可能会被成千上万的人第一时间看到。据笔者认识的许多 MCN 机构[1]透露，在众多的直播中，真正能赚钱并且实现财务自由的主播少之又少，在网络上看到的

---

1 MCN，源于国外成熟的网红经济运作，其本质是一个多频道网络的产品形态，将专业内容生产内容联合起来，在资本的有力支持下，保障内容的持续输出，从而最终实现商业的稳定变现。

“李佳琦”这样的人是站在金字塔尖的人物，有许许多多的人都埋没在了金字塔底部。

# 1.4 短视频类平台

短视频相信大家一定不会陌生，比如抖音和快手，都是常见的短视频类平台。下面我们以抖音为例来进行分析。如果要做一个短视频，需要注意哪些准入门槛呢？

首先，你需要有一定的内容策划能力并懂得怎样通过画面、声音进行表达；其次，需要掌握基本的视频拍摄技巧并具备视频剪辑能力。

然后，要通过短视频变现，该怎么做呢？

短视频平台最常见的五种变现形式包括：短视频、直播带货、引流私域变现、广告收入、直播打赏。

短视频最大的优势是创作门槛低、见效快、机会多。一个人一部手机就可以完成短视频创作的整个过程，并且只要你的创作足够好，即便你是新手还没有粉丝，也存在短期爆红的可能。另外，短视频属于比较新的媒体领域，当下还处在风口期，这里面隐藏着巨大的机遇。

## 1.4.1 门槛低

在大量的短视频成功案例中，大多是生活在各个阶层的普通人，通过短视频平台，直接越过了前面所有的门槛，一跃成了网红。

流浪大师，从一名默默无闻的流浪汉，一跃成为直播月入 6 位数的大咖。

丽江石榴哥，通过短视频，从一个普通的英语老师，变身年收入超千万的网红。

费启鸣，通过短视频，一个在校大学生，在校即出道，从变身网红继而转为明星。

这些例子，让无数的普通人，看到了逆袭人生的希望，深刻体会到，自己哪怕再渺小，也可以成功攀上人生巅峰。

可如果按照传统的思路，想要进入媒体或者影视行业，则门槛非常高。按正常路径，先得要通过高考，跨过千军万马，考上一个好一点的传媒大学或者电影学院这类的专业院校，然后再学习深耕多年，拍摄至少十几甚至几十部影视作品作为积累，才有可能有机会崭露头角，继而成为众人皆知的明星大腕。

图 1-4　传统明星的成长路径

现在呢？不需要影视专业学历，不需要经验，不需要人脉，不需要团队，甚至不需要专业设备，一部手机，一个人，就能完成一个获赞百万的短视频。短视频进入的低门槛，是其能够在近几年火遍全世界的重要因素之一。

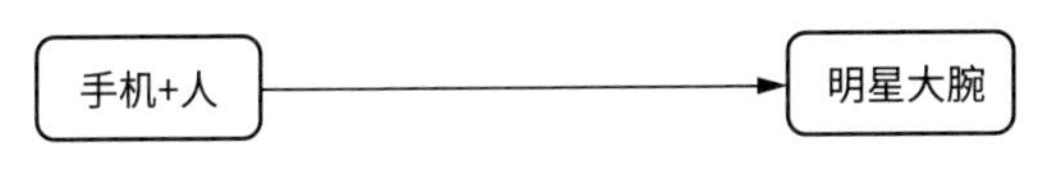


图 1-5　短视频的成长路径

### 1.4.2 见效快

2019 年短视频领域出现的 2 个大 IP，相信大家都听过，那就是李子柒和李佳琦，两个风格迥异的人，走的完全是两条不同的成功路径。李子柒，心灵手巧，亲力亲为，把中国的田园文化以最美的方式展示给世界；而李佳琦，被广大网友称为“口红一哥”，现在成了中国电商网红的头部 IP。据挖数网数据显示，李子柒 2019 年的年收入估计约为 1.6 亿元；而李佳琦的年收入估计在 2 亿元左右。如果说 2 亿元就是“2”后面又加 8 个“0”，也许你并不会觉 2 亿元很多，但是，如果这 2 亿元的收入，和上市公司来进行对比，区区一个人的利润，竟然比 60% 的上市公司 2019 年年度的利润还要高[1]。

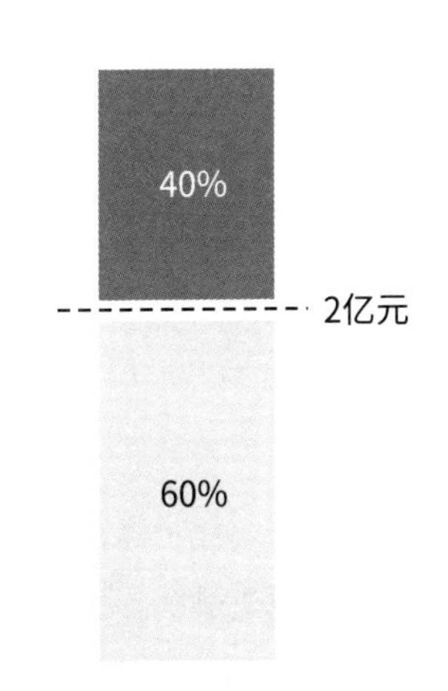


图 1-6　李佳琦的收入超过 2019 年 60% 的上市公司

1　数据来源于新浪财经网。

再如，“史别别”“林末范”“狠人大乌鸡”，等等，大家可以去抖音中搜索一下，便可知。笔者见证了他们的粉丝从不足1万，到几万、几十万，甚至百万，而他们大多都是非媒体专业出身的普通个体，没有经过任何的专业培训，大都只是出于兴趣，自己做出来的。而通过做短视频月入过万，甚至几十万的大有人在。

除了普通个体可以通过短视频快速蹿红外，对于企业来说，短视频也已经成为其眼中的“变现利器”。

对于企业来说，传统的销售渠道竞争趋白热化，除此之外，房租成本、装修成本、宣传成本、人员成本和管理成本等都居高不下，从传统的销售渠道已经很难找到突破口。短视频带货[1]和直播带货的兴起，一下子让人眼前一亮。比如2020年年初入驻抖音的罗永浩，首次直播就成交了70多万单，实现销售1亿多元。格力的董事长董明珠，5场直播，创下了约178亿元的销售额[2]。这让很多企业都惊呼，一个短视频平台的直播间，居然可以把生意做到这么大的规模。

所以，让个体和商家快速变现的能力，是让人们对短视频趋之若鹜的重要原因。

---

1 带货，网络流行词，指如明星等公众人物对商品的带动作用。现实社会中，明星们对某一商品的使用与青睐往往会引起消费者的效仿，掀起这一商品的流行潮。

2 数据来源于凤凰网。

### 1.4.3 机会多

除了门槛低、变现快之外，短视频还有一个非常重要的优势，那就是，机会多。

经验告诉我们，任何一个新的事物的兴起，就意味着一次机遇的出现。比如 2008 年兴起的淘宝，如果当时抓住淘宝兴起的机会，现在已是身价千万的电商巨头；2014 年微商爆发式增长，如果当时抓住微商兴起的机会，也许现在也可实现财务自由。每一次的机会，都是最早入场的人受益最大。

也许你已经错过了淘宝和微商的兴起浪潮，现在，你准备再次错过短视频的兴起机遇吗？你希望自己在 2025 年的时候，背着双肩包，望着一线城市的高楼，一拍大腿，对自己说："早知道，2021 年的时候我就开始做短视频了！"

如果淘宝和微商的数据不能够让你信服，那我们就来看下短视频的数据。

2021 年开年，抖音和快手相继发布了各自平台的数据报告，抖音的日活跃用户数量[1]已经超过 6 亿，快手超过了 3 亿。目前，抖音用户黏性

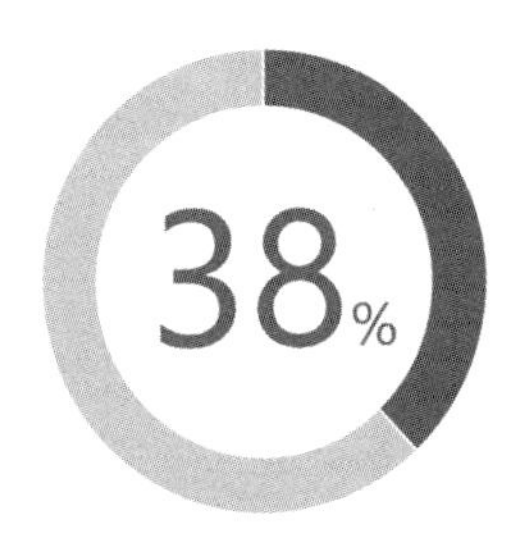


图 1-7　人均 1 天使用抖音时长在 30 分钟以上的用户占到抖音用户总量的 38%

1　日活跃用户数量，即 DAU（Daily Active User），简称日活用户，常用于反映网站、互联网应用或网络游戏的运营情况。DAU 通常统计 1 日之内，登录或使用了某个产品的用户数（去除重复登录的用户）。

仅次于微信和 QQ，人均一天的使用时长，在 30 分钟以上的用户占到抖音用户总量的 38%[1]。

根据业内人士的预计，即将到来的 5G 时代，还将引来短视频新的爆发期。

现在抖音的日活跃用户约是 6 亿人次，很多人已经预期到了这其中蕴藏着的巨大机遇。在到达行业预期的 10 亿日活跃用户数之前[2]，还有 4 亿的空间，这里面将会有多少的机会等着你呢？

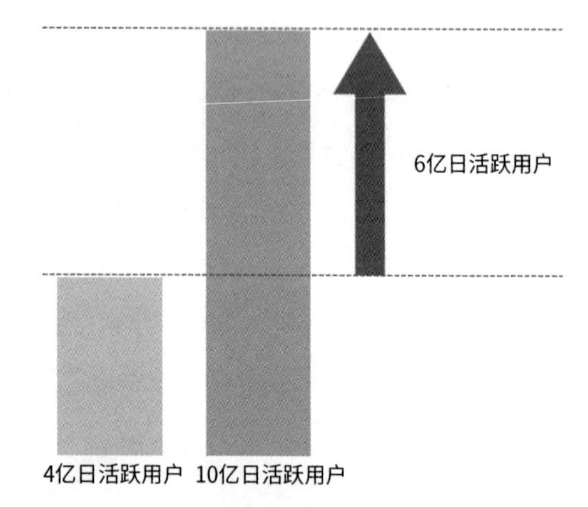


图 1-8 短视频蕴藏的巨大机会

当然，任何事情都有利和弊，短视频的劣势是，受时长因素影响，内容传达的深入度不够，很多短视频平台应该也意识到了这一点，开始逐

1 数据来源于巨量算数。
2 数据来源于搜狐网。

渐放开时长的限制，支持 1 分钟以上的视频了。

以上我们分析完文章类、音频类、直播类和短视频类的这四大自媒体的准入门槛、变现渠道和优劣势后，你可以通过这四个维度，全面进行思考："我该选择哪个平台作为我的自媒体变现渠道呢?"

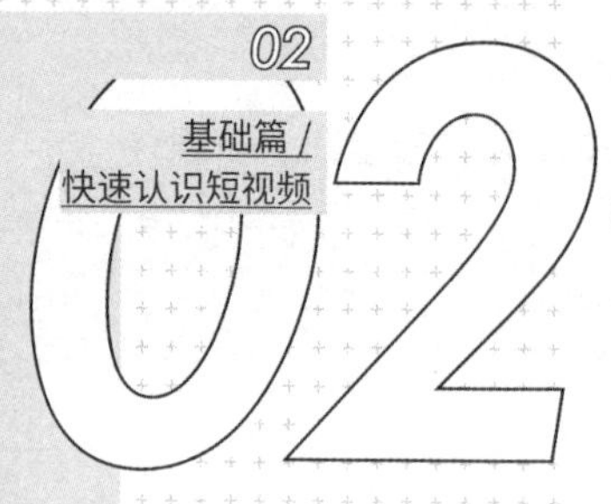

# 阻碍你发展的“8 大短视频误区”

在上一章节中，我们介绍了短视频的特点，门槛低、见效快、机会多。当下不管是个人还是商家，都想进入短视频这个领域里分一杯羹。但现状是，大部分的人仅仅是在观望，成为数亿日活跃用户中的一员，并没有“入场”。从投资的角度来说，为什么在这么好的机会面前，还是有那么多人迈不开脚步呢？

根据笔者的调研发现，是因为大多数人对短视频存在着以下 8 个认知误区，而这些认知误区，阻止了他们进入短视频领域的脚步。

误区 1：短视频是高颜值的小哥哥和小姐姐的舞台；

误区 2：我不会拍摄不会剪辑，玩不了短视频；

误区 3：没有粉丝，花了心思拍作品也没人看；

误区 4：粉丝量多的短视频账号，商业价值才高；

误区 5：粉丝量多的账号都是团队包装的；

误区 6：高播放量的短视频都是花钱买的；

误区 7：短视频做红了有啥用？能当饭吃吗？

误区 8：直播带货，不用短视频。

这些误区是怎么来的呢？有些是很多人在短视频领域外面臆测的，就有点“吃不到葡萄说葡萄酸”的意思。当然，还有一大部分原因是什么呢？那就是规避同业竞争了。如果把短视频领域比喻成一块大蛋糕的话，那么已在短视频领域里的人已经开始瓜分这块大蛋糕了，他们尝到了甜头。有些还没有吃到“短视频”这块蛋糕的人，也想分一块尝尝，你觉得，已经尝过“短视频”蛋糕的人会怎么说呢？他当然是要维护自己的“蛋糕”啦，为了达到这个目的，他会擦去嘴角的蛋糕，一脸严肃地告诉你：“这块蛋糕不好吃，很难吃的，你别来了，去吃别的蛋糕吧。”

图 2-1　同业竞争者会让你不参与到短视频领域中

为了能够让更多的人吃上“短视频”这块蛋糕，在此，笔者有必要给大家澄清一些事实，帮助大家走出这些误区，建立正确的认知。

## 2.1 误区 1：短视频是高颜值的小哥哥和小姐姐的舞台



为什么很多人都会有“短视频是高颜值的小哥哥和小姐姐的舞台”的感觉呢？因为你会发现，短视频平台的主播大都肤白貌美大长腿，长得像天仙一般，感觉现实生活中都遇不到这样的人。而自己照照镜子呢？虽然说自己的脸不像车祸现场那么惨烈，但是比起那些高颜值的小哥哥和小姐姐来说，还差一节动车的距离。

这让很多本来有做短视频想法的人就不自信了，觉得相比较而言自己太普通了，心里暗暗嘀咕：“我这样上去拍视频不是让人笑话吗？”尤其是很多短视频平台都和手机通讯录同步，你拍的短视频很容易被熟人看到，因此也就进一步增加了拍短视频的心理障碍。

我可以在这里告诉你，其实你大可不必这样想。原因一是，现在的手机的美颜功能非常强大，结合同样强大的化妆技术，两者强强结合给人带来的变化是改头换面的。这里有很多例子，你可以去抖音里搜“阿纯”“黑马小明”这两位主播，从他们的短视频里，就能很深地体会到美颜和化妆的强大魔力。原因二是，长得好看的颜值类达人其实并不是短视频平台的主流，我们通过飞瓜数据的达人分类可以看出，头部达人中颜值类的占比其实很小，还不到 10%，更多的人还是依靠“有趣的灵魂”收获关注。因此，对于想做短视频的你来说，关于颜值的纠结实在是多余，用这个时间，还不如好好琢磨一下怎样打造你有趣的短视频内容。

图 2-2　强大的美颜功能造就了高颜值

## 2.2 误区 2：我不会拍摄不会剪辑，玩不了短视频

关于“我不会拍摄不会剪辑”的这个理由，不知道阻止了多少人进入短视频这个领域。这正好验证了一句话：“如果做不成一件事，你总归能找到一万个理由。”

关于这个误区，我们想和读者澄清的是：“拍摄和剪辑，根本就不是一个进入短视频领域的门槛。”为什么这么说呢？先来看看“拍摄”。一提到拍摄，很多人脑海中出现的，应该是像拍电影一样，扛着一个大摄影机在肩膀上，摄影机上面有很多的控制开关，动不动就会出现“白平衡、曝光、光圈”这样的专业术语。而现实是什么呢？现实是，网络平台上看到的短视频，绝大多数都是用手机拍摄完成的，而且不是那种上万元的高端机，也不用苹果手机的最新系列，只要是超过 1500 元的智能手机，摄像头的像素都非常高，拍摄的软件也很强大，完全能满足短视频的拍摄需求，甚至都已经过剩了。你可以现在就打开自己的手机，尝试拍一段视频，你会发现手机会自动调整明暗、曝光，你自己拍摄出来的影片质量，不亚于任何已经发布的短视频。

说完“拍摄”，再说说后期的视频剪辑。现在的软件都设计得很智能，甚至可以说是“傻瓜式”了，根本无须打开电脑，打开专业的 Adobe[1] 软件。只需要在手机上下载一个软件，不需要事先懂任何与拍摄有关的专业术语，直接在手机上点一点，拖一拖，就可以马上上手制作了。

在本书第二篇中，我们将用两个章节来专门讲解拍摄和剪辑，你会了解到，拍摄和剪辑根本不是阻碍你进入短视频领域的拦路虎。

当然，还有一点非常重要，那就是，制作短视频，内容才是最重要的核心，拍摄形式和后期剪辑只是辅助的手段。打开抖音或者快手

1　Adobe，Adobe 系统公司的简称，是一家专业从事多媒体制作类软件开发的软件公司，影视剪辑软件 Premiere 和图片编辑软件 Photoshop 都是它旗下的产品。

的爆款视频，你会发现，很多短视频运用的拍摄手法都比较普通，没有什么令人惊艳的视频转场[1]或特效镜头，这些短视频能成为爆款的主要原因，是它们的内容感染了用户。同样，你也会看到一些拍摄手法很多、有令人眼花缭乱的转场效果或特效镜头的短视频，但是获赞量却没有超过 100。

## 2.3 误区 3：没有粉丝，花了心思拍作品也没人看

自己辛辛苦苦拍出来的作品视频没人看，这会极大地伤害自尊心，心存这个顾虑，是完全可以理解的。但是，“因为没有粉丝，所以怕自己花心思拍出来的作品没人看”，这个观点是错误的。为什么呢？下面，我们来逐步分析一下这个观点的逻辑。

在这个逻辑里，原因是“没有粉丝”，结果是“短视频作品没人看”，而里面隐藏着一个前提条件，就是：“短视频作品都是粉丝在看的。”真的是这样吗？

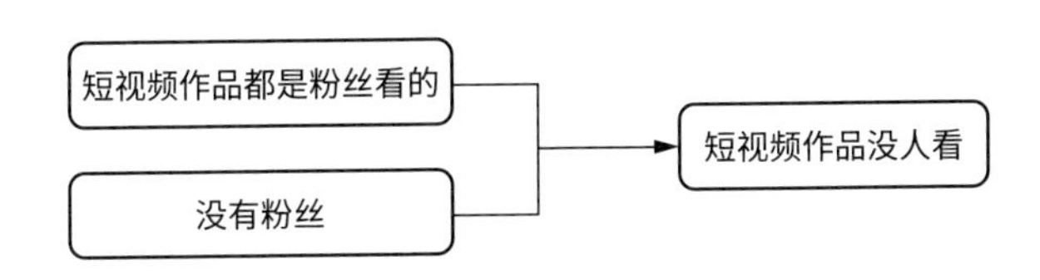


图 2-3 “没有粉丝，短视频作品没人看”的前提条件是“短视频作品都是粉丝在看的”

---

1 段落是电视片最基本的结构形式，电视片在内容上的结构层次是通过段落表现出来的。而段落与段落、场景与场景之间的过渡或转换，就叫做转场。

以抖音为例，有很多百万粉丝的账号，单条视频的播放量居然不过 1 万，这是因为，抖音里的粉丝本质上来说还是属于共域流量，换句话说，这些粉丝并不属于你，而是属于抖音平台。即使你有百万粉丝，但是你的作品质量不过关，也不会被推荐给你的粉丝看。还有很多账号，粉丝量不超过 1 万，但是单条视频播放量能超过 100 万，这是因为，抖音的算法是以内容为核心的，系统识别到你的作品被很多人喜欢，就会持续给你推送流量。这个算法和你有多少粉丝没有必然联系。

通过这两组数据，你就明白了，“看短视频的不都是粉丝”，所以“我没有粉丝，花了心思拍作品也没人看”这个观点是有认识误区的。

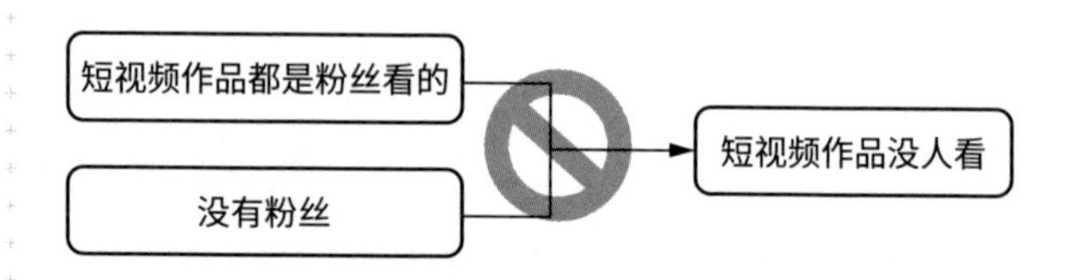


图 2-4 “没有粉丝，短视频作品没人看”的观点是有认识误区的

这种认知，打破了普通人的常识，为什么会这样呢？这就是抖音的“去中心化”算法机制带来的直接结果。什么是“去中心化”呢？本书会在进阶篇的“平台”这一内容中，详细介绍抖音的推荐机制。总之，在做短视频时，首先不需要关注粉丝量，而是需要先关注内容。

## 2.4 误区 4：粉丝量多的短视频账号，商业价值才高

粉丝量多的账号，价值就一定高吗？不一定，如果 Quennel 发布了一条播放量为 1000 万的短视频，瞬间粉丝就超过了 10 万，但 Quennel 从此就隐居山林，再也不发任何短视频，那么他的账号价值高吗？

所以在业内，除了粉丝量，判断一个账号的价值还有很多的参照标准。以抖音来说，一个高价值的账号，除了粉丝量之外，还需要看三个指标：作品数量、单个作品点赞量和总点赞量。

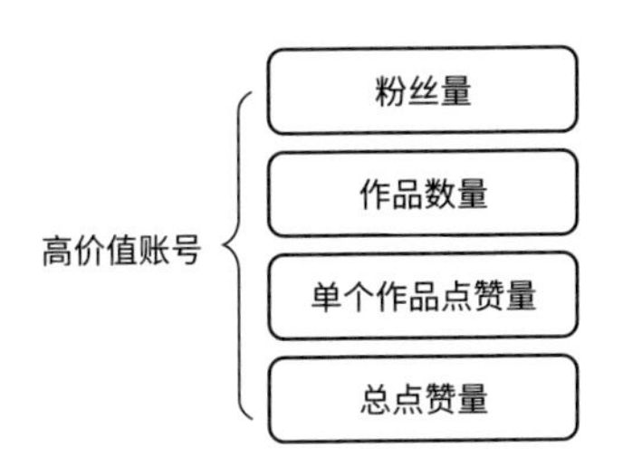


图 2-5　高价值账号的四个指标

粉丝量很好理解，就是粉丝的数量。而作品数量就是指主播发布作品的个数。那是不是作品数量越多越好呢？同样粉丝量级的账号，作品数量少的那个，账号的质量就更高。为什么这么说呢？这说明作品的平均转粉率[1]更高。当然，也不排除账号删除或隐藏了部分作品，这些都是可以通过后台查到数据的，在本书高阶篇的内容里，笔者将会手把手教你怎么查看这些看似复杂的后台数据。

---

1　转粉率，这里是指单个短视频作品收获粉丝数量的能力。

分析完“作品数量”这个指标后，再来分析一下“单个作品点赞量”这个指标。不管一个账号的粉丝是几十万还是几百万，如果每个作品的点赞量普遍都是几百，那么基本就可以判定为质量不高的号了。

请注意：此处描述的有关“点赞量”的规则，仅指以短视频创作为主的抖音账号，若是以直播带货为主的电商号，则不适用于此规则。电商号的短视频通常为直播服务，一天可能会发布几十条短视频作为引流，短视频内容多以商品展示为主，以量取胜，吸引的都是精准购物用户，点赞数通常并不高，因此不可以此来判断这个电商账号的质量。

最后说一下“总点赞量”这个指标，“总点赞量”和“粉丝数量”的比例，可以反映出账号的不同情况。

之前有一位抖音广告主告诉笔者，他们选择达人投放广告是有自己的一套标准的。

如果一个号的总获赞量是粉丝数的 10 倍左右，也就是平均每 10 个赞，就有一个人能转化为粉丝，并且单个视频点赞量基本都在 1 万以上，那这种号就比较理想。

如果总获赞量是粉丝数的 20 倍以上，并且单个视频点赞量基本都在 1 万以上，说明这个号内容比较吸引人，但是可能人设比较轻，没有引起观众对你这个人产生兴趣；或者内容不够垂直，没有很好地引导用户对后续的视频内容抱有期待。所以，会导致很多人点赞，但是转化粉丝的比例较低。要知道，广告主比较看重的是传播量，因此这类账号也是比较受广告主青睐的。

如果总获赞量小于粉丝数的 5 倍，并且单个视频点赞量基本都在 1 万以上，说明账号转化粉丝的能力很强。像这种情况，又可以分为三类账号：

第一类是明星或者是高颜值类的红人账号，比如“迪丽热巴”和“代古拉 K”。为什么这类账号转化粉丝的能力会很强呢？因为很多粉丝是冲着主播去的，还没有看作品呢，就先关注成为粉丝了。

第二类是内容非常垂直的实用型账号，比如“豆豆 Babe”“仙姆 SamChak”。有一个吸引人的视频内容，再结合一致性的预期，这就会导致粉丝快速被圈粉，转化率就会很高。

第三类账号的粉丝不是靠内容吸引来的，而是通过其他辅助手段获取的。比如，用关注主播送礼品等给好处的方式吸引用户加粉，甚至是通过刷流量的方式获取的粉丝。这类账号的粉丝黏性[1]一般都很差，如果加上他们单个作品的点赞量普遍都较低，那么基本就可以将其判定为劣质账号，广告主基本上不会选择此类账号。

表 2-1　短视频账号商业价值

| 总获赞量 / 粉丝数 | 单个视频平均点赞量 | 商业广告价值 |
| --- | --- | --- |
| ≥ 10 | ＞ 10000 | 受广告主青睐 |
| ＜ 5 | ＜ 5000 | 广告主持保留态度 |

所以，“粉丝量多的短视频账号，商业价值才高”这个观点是一个误区，而且当你开始做短视频的时候，为了能够让自己短视频账号有较高的

1　粉丝黏性，指粉丝对于偶像或产品的忠诚、信任与良性体验等结合起来形成的依赖程度和再消费期望程度。

商业价值，不能仅仅以粉丝量为目标，要把内容做精、做垂直，培养高质量的、忠实的粉丝，提高单个视频点赞量和总获赞量，这样才能让自己的付出有高质量的回报。



## 2.5 误区 5：粉丝量多的账号都是团队包装的

笔者的许多学员都会有这样的误解，认为“粉丝量多的账号都是团队包装的”，然后苦于自己没有什么团队协助，所以迟迟不肯开始短视频的创作。

事实真的是这样的吗？李子柒早期的短视频也只是她一个人完成而已，还有像“狠人大乌鸡”“林末范”等，都是自己一个人或者夫妻档做出来的高粉丝量的大号。

拍电影，需要有全班人马：导演、制片人、监制、演员、灯光师、造型师、化妆师、剧务和剪辑等工作人员。而短视频毕竟不是拍电影大片，不需要很多的工作人员、演员和设备。在短视频领域里，除了一些特别的类目，团队与个体相比并没什么太大的优势，反而团队人一多，还会容易导致沟通不顺畅，制作短视频的效率降低。

那么如何才能一个人就撑起一台戏，完成一个短视频制作呢？在入门篇里，我们将会详细地进行介绍。

## 2.6 误区6：高播放量的短视频都是花钱买的

很多人看到一个爆款视频，第一反应就是："这视频肯定花钱了，要不然怎么会有这么高的播放量。"

花钱买播放量这事有吗？当然有，因为这也是短视频平台的盈利方式之一。但以笔者的经验看，花钱买流量的只是很少的一部分。为什么呢？因为，你做优质内容获取推荐流量，比你花钱去买流量，要划算太多了。拿抖音作为案例，对比这两种方式来算笔账。

抖音里有一个"抖加"功能，它是支持主播花钱换取播放量的一个功能。那么，在抖加里买播放量要多少钱呢？ 1 元钱买 50 次浏览，100 元起售。

可能你会觉得，这也不贵啊，1 元钱现在连买个肉包都不够，竟然就能获得 50 次观看。但一般爆款短视频的播放量，那都是百万甚至千万级别的。就拿笔者自己举例，播放量超过 100 万的视频有 50 多个，凑个整数，算 50 个 100 万次播放，也就是总共 5000 万次播放，如果全部用"抖加"功能来购买的话，是多少钱呢？ 5000 万除以 50=100 万人民币。

$$\frac{5000\text{万次播放量}}{50\text{次播放/元}} = 100\text{万元}$$

图 2-6　5000 万次播放量所需要的“抖加”花费

换做你，以下两个选项，你会选择哪一个呢?

选项 1：花 100 万元去买流量，获得 50 个 100 万播放量的短视频；

选项 2：找个靠谱的老师或者一本靠谱的书，自己钻研个把月时间，学好短视频制作技巧，使自己的视频作品获得同样的播放量。

如果不是腰缠万贯，一般人会毫不犹豫地选择选项 2。所以说，“高播放量的短视频都是花钱买的”这个观点，不攻自破了。

## 2.7 误区 7：短视频做红了有啥用？能当饭吃吗？

关于“短视频做红了有啥用？能当饭吃吗?”这个问题，很多不玩短视频的人都问过笔者，不过既然你已经翻开了这本书，那么做短视频能不能当饭吃，对于你来说，这件事一定已经没有什么争议了。

笔者觉得你可能比较疑惑的是："能吃到短视频这碗饭？并且能吃饱？"也就是"短视频变现"的问题。

在上一节中我们已经罗列了短视频的几个变现渠道，比如直播带货、引流私域变现、广告收入、直播打赏等。

当你达成平台所设置的一系列要求，就可以开通星图[1]，你就可能会收到一些广告主抛来的橄榄枝，他会主动来联系你，向你支付不菲的报酬，来让你给他的产品做广告。

当你通过了实名认证，发布了 10 个以上的视频作品，并且积累了 1000+ 粉丝，那你就可以申请开通抖音橱窗，然后选择你中意的产品挂到你的橱窗里，最后通过短视频和直播的方式来销售这些产品赚取佣金。

即便你刚开始没多久，还没有积累到粉丝，没关系，只要你的内容优质，能吸引到观众，那你也可以通过直播间打赏，或者引流到微信等方式，完成变现。

关于"短视频变现"能最终实现多少销售业绩，笔者没有找到可信的官方数据，但笔者通过统计自己身边的数百位主播得出，已经有超过 35% 的人辞去了原先的本职工作，全身心地投入了短视频领域之中，并且多数人的收入超过了原先的本职工作，专心做短视频。所以，短视频做红了可以当饭吃吗？答案是：不但可以当饭吃，吃到"满汉全席"也不是没有可能。

当然，"短视频变现"的前提，是需要你能产出优质的内容，获得较高的点赞才可以实现。所以，需要先聚焦于高质量短视频的打造，至于"变现"，自然就是水到渠成的事情了。

---

1　星图，是抖音里一个广告交易平台，达到 10 万粉丝的达人即可开通星图，开通后可以在这里对接广告主需求并最终完成广告服务，平台会从中收取一定比例的服务费。

# 2.8 误区8：直播带货，不用短视频

有一次笔者在商学院讲课的时候，一个东北的李学员就举手问："我做自媒体就是为了赚钱的，现在直播带货最赚钱，比如罗永浩、李佳琦，他们赚钱了，我直接直播带货就好了，还搞什么复杂的短视频？"在座的其他学员也频频点头，纷纷把目光抛向了笔者，看笔者怎么样解答这个棘手的问题。

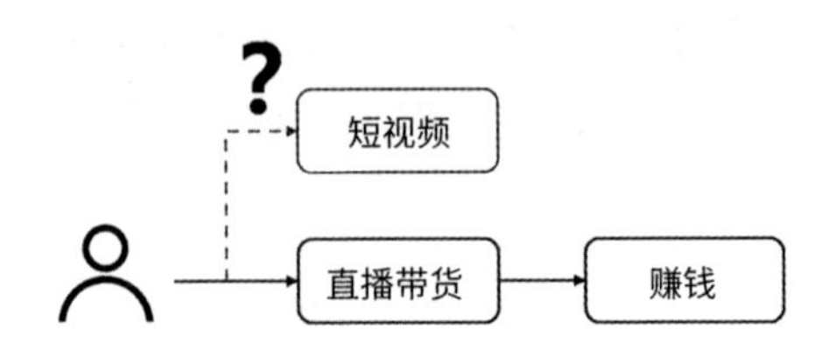


图 2-7　直播带货就能赚钱，为什么还要做短视频？

听到这个问题时笔者并没有觉得棘手，也没有觉得尴尬，而是立即表扬了这位李学员，并且给予他掌声鼓励，因为他并不是按部就班地跟着学，而是在思考："我做短视频的目的是什么？"

然后，我对着全班 48 个学员说：

短视频平台有两种玩法，短视频和直播。相信大家都知道，从拍摄形式上说，短视频是录播，也就是先录制好，进行后

期剪辑处理后再上传的；而直播就是跳过后期的剪辑处理，直接播放给用户看。

从运作模式来说，短视频是先吸粉后转化，直播则是直接转化。

所以，做短视频更注重打造内容和人设，让人喜欢你的人和你的内容，与你建立信任，然后成为你的粉丝。就好比在世界的某个角落里，有一个非常懂你当下的工作焦虑的心情、非常专业的老师告诉你，你该这样才能缓解焦虑情绪，你该那样才能处理好工作和家庭的关系。当你非常信任他，把他当成知心朋友的时候，他给你推荐了一个关于情绪管理的课程，你想都不想，立刻就买了。

而直播带货，那就直接多了，一上来就告诉用户："我是来卖货的，兜售情怀和心灵鸡汤我是不会的，我推荐的产品质量好，价格还便宜，你在家里一定用得到，大家都很忙，时间有限，还有10分钟，马上下单，不然就没有机会了。"

通过对短视频和直播的运作模式对比，你是不是基本清楚了它们之间的区别呢？那么回到主题：直播带货，需不需要做短视频呢？答案是：如果你想长线地、稳定地、持续增长地带货的话，那你就必须要两者兼顾。

究其原因，主要有以下四点。

### 2.8.1 短视频无时间和人数限制

假设一个主播带货的直播时间是在2021年1月1日20：00—21：00，到直播结束时，一共有1万个人观看了直播。

可到了2021年1月1日21:01，这1万个人就马上离线了，如果有新的观众想看怎么办呢？只能再开设一场新的直播，也就是说，"直播带货"有时间和人数的限制。

而短视频却可以跨越时间和人数的上限。也即，一个已经发布了的短视频，可以在几个月后，甚至几年后，还能被全世界成千上万的人看到。想象一下，某一天你躺在马尔代夫的海岸沙滩上喝着香蕉奶昔，而在上海陆家嘴的环球金融中心 18 层，有一个高管正在看你一年前上传的视频，并随手分享给了很多同事，与此同时，美国纽约大学的图书管理，一帮大三学生正津津乐道地看着你的视频，然后给你疯狂地转发和点赞。当你喝完杯中的奶昔，起身走向海边时，旁边一个穿着比基尼的美女跑过来对你说："你是不是小囧君啊？我看过你的短视频呢！"

## 2.8.2 短视频传播效率更高

短视频和直播在时长上的差异是非常大的。短视频一般就在 30 秒以内，通常最长的也不超过 1 分钟；而直播，一般至少是 1 小时起，有的直播甚至 4—5 个小时以上，像李佳琦的直播一般在 4 个小时左右，罗永浩的第一次直播也在 3 个小时。

这是因为时长的不同，导致传播效率的不同。什么是传播效率呢？传播效率就是在固定时间里的传播量。作为一个观众来说，是愿意花几十秒去了解一个内容，还是愿意花几个小时呢？所以，时长极短的短视频，传播效率非常高。

图 2-8　短视频的时长远远低于直播

### 2.8.3 短视频可以极大地增加直播间观看人数和转化率

从时间和人数限制，以及传播效率这几个角度来评判短视频和直播哪个更好，是将短视频和直播给割裂开来了。而其实，它们之间有着千丝万缕的联系，其中最直接的一点就是：短视频可以很大地增加直播间的观看人数，并且可以提高观众对主播的信任度。

在这里需要注意的是，直播和短视频其实拥有两套不同的权重体系，也就是说，你的短视频人气高，并不代表你开直播就一定人气高，因为直播间的流量权重更多的是直播本身带来的，比如，如果你每天坚持直播，并且直播间的氛围调动得非常好，互动率很高，成交率也很高，那你的直播间的权重也就可能更高，而短视频粉丝进直播间的人数，一般只占到直播间人数的 10% 左右。

但是刚才我们提到，短视频可以极大地带动直播间观看人数的增幅，这不是矛盾吗？其实并不矛盾，虽然通过短视频进直播间的自然流量有限，但是我们可以通过爆款引流和短视频预热的方式增加引流直播间的人数。

我们来举一个例子。Joice 准备在周日晚上 8 点开一场直播，从周六开始，她就以一天发 5 个短视频的节奏预热，视频的主体都是精心设计好的有趣内容，但在结尾她都会提到："周日晚 8 点直播间见。"到了周日晚上 8 点，Joice 开始直播，她发现直播间的人数达到了 1000 多人，要知道，她之前没有做短视频助阵的直播，观众人数一般也就在 200 人左右。

那么，这多出来的 800 人是怎么来的呢？通过粉丝的留言，得知很多人是看了短视频预告进直播间的。另外，Joice 欣喜地发现，自己在直播前发的 10 个预热短视频，居然有 2 个成了爆款，播放量都达到了百万级别，这几百万看短视频的观众，通过短视频界面上闪动的主播头像得知，这个主播此刻正在直播，很多人也就点进来了。那么，结论也就有了，直播间这多出来的 800 多人，很大概率就是由爆款短视频和短视频预热带来的了。

另外 Joice 还有一个明显的体会，那就是周日这场直播相比以往，直播间里的人群购买意愿更强，转化率也更高。通过直播间互动 Joice 发现，有很多人都看过自己的短视频，对自己已经有了信任感，因此转化变现顺利很多。这和 Joice 以往面对一群陌生人去做转化，是两种完全不同的结果。

### 2.8.4 短视频能提高对直播货源供应商的议价能力

短视频除了可以极大地增加直播间人数和转化率外，还能可以帮你降低成本，也就是，提高你对供应端的议价能力。说得简单一点，当你的粉丝体量越大、直播间人数越多时，想和你合作的厂商也就越多。而厂商出于跑量、品牌宣传以及抢占市场规模等综合考量，就会愿意让你拿到更低价格的优质货源。

比如快手大V×× 卖的“自嗨锅”，通过其他渠道买一份要39.9元，但在他的直播间，39.9元可以得到3份。为什么会这样呢？就是因为商家面对 ×× 这样的顶级流量让利了。总体来看，这绝对是三方共赢的，对购买者来说是省钱了；主播也赚到了佣金[1]；商家方面，哪怕卖出去一个赚1元，一次卖100万份的销量，商家也能赚100万元啊！

大主播在选品定价方面是非常严格的，他们的团队会精算每一个产品的每一处利润，哪怕是一个小螺丝钉都算得清清楚楚，把商家利润压到最低，直接跟商家谈：这个价格，你能赚多少，我能赚多少，用户能省多少。非常透明，明明白白地把价砍到最低。

再说说坑位费[2]、佣金。坑位费和佣金不是固定的，一般来说，如果商家给了坑位费，那么这个成本也是算在产品身上的，也就是说，如果支付了坑位费，那么商品的售出价格就要考虑商家坑位费是否能收回来，也就是不能低于某价格水平。总之，佣金、坑位费要根据具体的产品来谈。

一般来说，大主播是肯定不会让商家亏本的，商家即使全部以成本价给出，一分钱不赚，也起到了品牌宣传的效果。

因此，只要你的短视频流量大、粉丝量高，从而带动你的直播间的流量和信任度提升，当形成一定规模的时候，你就掌握了面对商家的谈判主动权。

所以，想要持续、高效发展的话，短视频是主播们绕不开的考题。

---

1　佣金，这里指主播直播时商品卖出去后的提成费用，常见在20%—30%之间。

2　坑位费，顾名思义，占坑所付的费用。在这里指商家找主播带货商品的上架费用，也可以称为服务费或者发布费。

以上，我们解读完这八大短视频误区之后，你现在是不是能够体会到那些已经在短视频领域里的人，说短视频不好做的终极原因呢？因为他们想守护自己的蛋糕，不想让你来分一块。同时你一定会很奇怪："本书作者唐立君也是吃短视频这块蛋糕的人，为什么要引导我来一起吃这块蛋糕呢？"

和其他的同业竞争者不一样，笔者希望有更多高水平的人参与到短视频制作这个领域中，因为这样才能把短视频这个领域做强做大。这就好像 2008 年兴起的淘宝一样，如果就那么几个厂家在卖货，怎么能够成就一个电子商务王国，怎么能把这块小蛋糕变成超级大蛋糕？如果我们只看眼前的这一点儿小蛋糕的话，那么眼界太局限了。

# 10 分钟了解全网短视频 12 大类型

你现在是不是已经跃跃欲试，开始想在短视频领域一展拳脚了呢？当你现在就想拿起手机开始制作短视频的时候，是不是会首先问自己一个问题："我做哪种类型的短视频呢？"此时，你就要放下手机，好好读一下本章接下来要介绍的内容，花 10 分钟来了解一下目前的全网短视频类型。

如果把短视频理解为一种艺术表现形式的话，那么短视频平台就像一个春晚会场一样，春晚节目单里有歌舞类节目，有语言类节目，还有杂技类节目，等等，很多人都耳熟能详。但是短视频有哪些形式的节目呢？是不是感觉一下子说不清楚？因为短视频领域的内容表现形式更加多元化了。

本书把短视频大致分为 12 个类型，如下图所示。

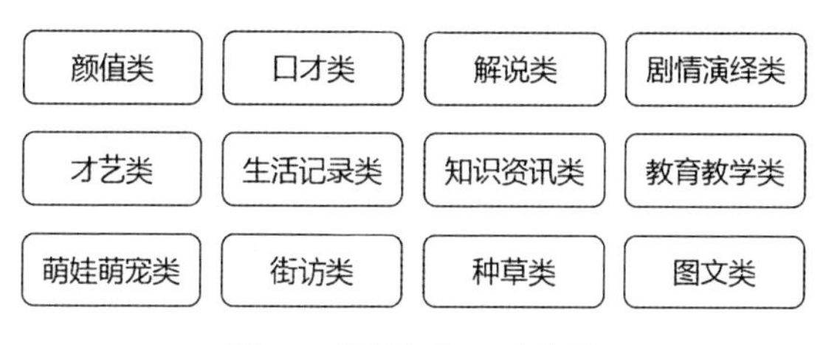


图 3-1　短视频的 12 大类型

为了能让你明确哪一种类型的短视频适合你，本文接来下会把每一类短视频的代表账号和特点罗列出来，同时介绍一下制作这类型短视频所需要的能力条件和变现途径。这样你就可以根据自己的优势和特点，较为精准地判断一下自己到底适合制作哪一类的短视频。

需要注意的是，本文的分类，不是按照美食类、美妆类这样行业的维度来划分，因为按照行业维度划分，360 行能分出 360 类，那你现在看到的这本书大概就比字典还要厚了，所以，本文是以个人能力维度为标准来划分的。另外，在你进行查阅和匹配自己能力的时候，只需要去考虑自己是否适合某种类型，先不用考虑如何变现，具体怎么结合内容去实现变现，本书会在高阶篇中进行详细讲解。

## 3.1 颜值类短视频

第一类短视频比较常见，就是颜值类，在抖音平台上这类短视频的优质账号代表有“刀小刀”“黑马小明”“彭十六”“水冰月”，等等；快手平台上这类短视频的优质账号代表号有：“小伊伊”和“李耀阳”，等等。

颜值类短视频的特点就是让人赏心悦目，哪怕是女生看女生，也会心中泛起“哇，怎么会这么美”的心里独白。不过颜值类短视频不只是一个较好的外貌就能完成的，大部分人的手机都有美颜功能，但为什么不是所有人都成为颜值类短视频的头部 IP 呢？所以，就不得不提到制作颜值类短视频的几个隐性要求了，那就是：主播得会摆造型、做视频后期，还要会擅用平台热门 BGM [1]。具备了这些条件，主播就有可能有机会一夜之间火爆全网，比如你可以在抖音平台中搜索“水冰月”的短视频“狐狸变身”和“刀小刀”的甩头变装来感受一下。这两个视频，浏览量都在千万，点赞量也在几百万，一条视频就涨粉几十万。

这也就可以看出，颜值类的短视频，需要的能力条件包括：会穿搭、会摆造型、能结合平台热门的 BGM 进行后期剪辑。

那么，颜值类短视频的变现途径是什么呢？常见的是通过接广告的方式变现；或者引流直播间直播打赏。据笔者的一个颜值类短视频头部 IP 好友说，她一次直播打赏平均可以获得 60 万音浪 [2]，折合成人民币就是 6 万元，与平台五五分成，最终获得 3 万元，甚至峰值时期可以达到一场直播获得 5 万元的收入。这与每天坐在办公室里的一般人不可相提并论。

表 3-1　颜值类短视频简介

| 短视频类型 | 颜值类 |
| --- | --- |
| 特点 | 视觉吸引，让人赏心悦目 |
| 能力条件 | 会穿搭，会摆造型，能结合平台热门的 BGM 进行后期剪辑 |
| 主要变现途径 | 广告或直播打赏 |

1　BGM，网络流行词，原本是“background music”的缩写，意为背景音乐。
2　音浪，抖音里的虚拟币单位，折合人民币的比率为 10:1，也就是 10 音浪相当于 1 元钱。

# 3.2 口才类短视频

如果颜值类短视频靠的是美貌，那么口才类的短视频，靠的就是才华了。口才类短视频的核心卖点就是口才，简单地说就是能说会道。在抖音平台上这类短视的优质账号代表有：“邓先森”“阿闯”“夏同学”，等等；在快手平台上这类短视的优质账号代表有：“许杨君”等。

口才类短视频的特点就是，常以搞笑为主，通过轻松诙谐的方式来自嘲，或者吐槽生活中的一些人或事。你可以在抖音平台中搜索“阿闯”，看完他的视频后，你有没有像笔者一样瞬间被感染，然后特别有想点赞的冲动？这是好的内容再结合强烈的个人风格带来的影响力。

如果你想制作口才类的短视频，那么需要你语言表达能力较强，逻辑清晰，擅于说服人。普通话标不标准，颜值高不高，都没有关系。罗永浩的带有日系风格的东北腔普通话，以及浑圆脸和大肚腩，不是照样吸引了很多观众吗？所以，如果你的朋友多数对你的评价是能言善辩、表现力强，那你就可以尝试制作口才类的短视频了。

口才类短视频重视内容，所以，视频本身的拍摄和后期难度一般都比较低，拍摄时一部手机就够了，对场景和剪辑基本都没有什么更高的要求。

那么，怎么通过口才类短视实现变现呢？我们可以直接把产品融入话题进行短视频带货，或者引流直播间带货；还可以通过接广告的方式实现变现。

表 3-2　口才类短视频简介

| 短视频类型 | 口才类 |
| --- | --- |
| 特点 | 以搞笑为主 |
| 能力条件 | 语言表现力较好，逻辑清晰，擅于说服人 |
| 主要变现途径 | 广告或带货 |

# 3.3 解说类短视频

有一类短视频与口才类非常相似，那就是解说类的短视频。解说类视频就是主播根据目标内容，结合自己的观点进行拍摄制作，常见的有游戏解说、影视解说、赛事解说，等等。抖音平台上这类短视频的优质账号代表有："小菊菊游戏解说""一条小团团""老庄解说"，等等；快手平台上这类短视频优质账号代表有："大山解说""左三郎解说"，等等。

我们以数量居多的游戏解说短视频为例。解说类短视频的特点是，解说词犀利，而且大多幽默搞怪，语速较快；对短视频拍摄技术要求比较低，甚至是没有什么拍摄要求，只要把一局游戏的录屏配上自己的声音就完成了。比如，热门游戏"王者荣耀"[1]的游戏解说会配音：

1　王者荣耀，由腾讯游戏天美工作室群开发并运行的一款运营在 Android、IOS、NS 平台上的 MOBA 类手机游戏。

很多玩家玩打野的时候，都会忽略一个重要的东西，那就是下野区的飞鸟了，觉得这样做会浪费很多时间，影响了自己抓上路脆皮的支援时间，这样的想法是大多数菜鸟的固定想法。如果真正会玩打野的，这个版本肯定会选择优先把这个野怪拿走，等抓上路的时候效率和机会也会更大，这可以说是前期打野关键技巧！

解说类视频对主播的能力条件要求是比较严苛的，首先需要主播是一名比较资深的玩家，不然自己都没有什么独到的观点，怎么能够和用户产生共鸣，怎么能让用户听完解说之后热血澎湃呢？我们总不能在解说的时候，只会说“王者荣耀是腾讯旗下的英雄竞技手游，你只需要一个手机就可以开始玩游戏”类似这样平平无奇的解说词吧。

你可能会问，解说类短视频的整个短视频画面都不是主播自己的形象，主播就配个声音而已，怎么实现变现呢？其实解说类短视频的变现并不复杂，而且变现速度还比其他类别的短视频更快。解说类短视频通常就是通过接游戏广告来实现变现的。用户在观看这些短视频的时候都非常专注，而且出于对主播专业度的信任，很容易就接纳了主播的广告推荐。比如 Maggie 在对王者荣耀解说时说：“王者荣耀这款游戏太考验操作能力，最近有一款新的游戏堪比王者荣耀，我亲身体验后不能自拔，自认为是王者荣耀的最大竞争对手了。”用户们往往就按捺不住地要去下载游戏开始玩了。根据笔者的观察，解说类短视频的广告转化率非常高，游戏公司非常愿意在广告上斥巨资来吸引用户，所以对于解说类短视频来说，可能接广告这一种形式就可以实现变现目标了。

表 3-3　解说类短视频简介

| 短视频类型 | 解说类 |
| --- | --- |
| 特点 | 解说词犀利，幽默搞怪，语速较快，拍摄技术要求低 |
| 能力条件 | 资深玩家，有独到的观点 |
| 主要变现途径 | 广告 |

# 3.4 剧情演绎类短视频

口才类短视频和解说类短视频都是靠主播的一张嘴来吸引用户的，而剧情演绎类的短视频，则需要主播全面的才华了。剧情演绎类不管是在抖音还是快手平台，都是一个热门类别，有许多的主播都愿意制作这类作品。这个类型可以理解为平民版的电影、电视剧或情景剧。其中细分的类型特别多，常见的有搞笑类、悬疑类、职场类和情感类。抖音平台上这类短视频的优质账号代表有：“懂车侦探”“破产姐弟”“狠人大乌鸡”“林末范”“陈连仁不容易”，等等；快手平台上这类短视频的优质账号代表有：“房岩小哥”“疯狂小杨哥”，等等。

剧情演绎类视频的特点就是需要创新的剧情或者精湛的演技，比如，在抖音平台中，搜索“林末范”，你可以看到这类视频的典型代表。林末范抓住“母子系列”这个创新点，这个系列中，他一个人分饰两角，一下火遍全网。通过林末范的案例可以发现，剧情演绎类的短视频，并不需要浩浩荡荡的群众演员，也不需要男一号女一号，哪怕只有一个人，也能够撑起一台完整的好戏。

那么，做剧情演绎类的短视频，需要什么能力条件呢？最主要的就是编剧的能力，其次就是要镜头感好，有一定的演技。

剧情演绎类的短视频变现途径就很简单了，那就是，通过“软广告”来兜售产品或宣传品牌。比如，将一杯可口可乐作为道具融入剧情中，然后在视频中给几个镜头特写；或者产品根本就不用出现，而是直接通过剧情或台词，潜移默化地为品牌做宣传。比如：“抠门的张先生先打开手机，看了看今天是周二，然后从皮夹子觅出了一张中国民生银行的信用卡买了单，旁边的老婆非常不耐烦，催他快点，张先生说：‘我一个月就 100 元的零花钱，今天这顿饭 30 块钱，周二用民生卡可以打 8 折，我能省下 6 块钱呢！’”

表 3-4　剧情演绎类短视频简介

| 短视频类型 | 剧情演绎类 |
| --- | --- |
| 特点 | 创新的剧情或者精湛的演技 |
| 能力条件 | 编剧的能力，镜头感好，<br>有一定的演技 |
| 主要变现途径 | 广告或带货 |

# 3.5 才艺类短视频

除了剧情演绎类视频可以让主播施展才华外，通过才艺类短视频也是可以展示自己以及所长。这些才艺可以是唱歌、跳舞、运动或者手艺，等等。在抖音平台上这类视频的优质账号代表有：“守艺小胖”“隔壁老樊”“陈意礼”，等等；快手平台上这类视频的优质账号代表有：“农村霹雳舞大叔”“本亮大叔”，等等。

才艺类短视频一般有两个特点：一是主播本身的才艺都比较过硬，并不是三脚猫的功夫；二是他们都懂得融入一些特殊的元素来放大自己的才艺，比如融入创意，或借助当下的热点。你可以在抖音中搜索“守艺小胖”，他的视频完美展示了主播精湛的雕刻技艺和满满的匠人精神，再加上他擅长结合热点，例如，有一个视频他结合了当时热映的国产动画电影《哪吒》的这个热点，再加上工艺精湛的雕工，把哪吒雕刻得惟妙惟肖，因此那个视频马上就火爆了。

如果你想从事才艺类短视频制作的话，需要具备以下两个能力条件：一门拿得出手的才艺，同时可以结合一些创意或热点放大自身的才艺特点。

才艺类短视频的变现途径相对来说就比较清晰了，通常是与才艺相关的产品带货，或者才艺类培训项目。例如，你刷到一个弹钢琴的短视频，琴声非常优美动听，你被打动了，恰巧你的孩子正准备学钢琴，这个时候

表 3-5　才艺类短视频简介

| 短视频类型 | 才艺类 |
| --- | --- |
| 特点 | 突出的才艺特点，融入特殊元素放大自身才艺 |
| 能力条件 | 一门才艺，结合创意或热点放大自身才艺特点 |
| 主要变现途径 | 与才艺相关的产品带货，或者才艺类培训项目 |

你是不是很容易就会动心思:“我的孩子能找他学琴吗?”甚至你还会认为:他弹的这架钢琴一定也是最好的选择吧。

## 3.6 生活记录类短视频

生活记录类短视频和以上几种都不相同,它更像是一部纪录片,这类视频一般是围绕着主播的生活记录展开。抖音平台上这类视频的优质账号代表有“李子柒”“史别别”“EMY”“不帅的哥家的生活”,等等;快手平台上这类视频的优质账号代表有:“记录生活的蛋黄派”“刘妈妈的日常生活”,等等。

生活记录类的短视频特点是:视频内容一般为主播的较为罕见、猎奇的生活场景,核心活动一般是令人向往的、正能量的,比如在深山老林的独居生活、国外留学的历程、特殊的职业经历,等等。比如你可以在抖音中搜索“史别别”,如果你是一名大学生,或者刚入职场的小白,那么你就有可能会被她短视频中展示的北漂经历所吸引,进而成为她的追随者。

做生活记录类的短视频,所需的匹配条件并不低,它需要你具备罕见、猎奇的生活经历,或者异于常人的独特见解。

而生活记录类的短视频变现方式相对来说就没那么直接了，可以通过短视频把自己打造成行业内的“大咖”形象，然后与用户慢慢建立信任，最后通过兜售一些课程或者产品来实现变现。

表 3-6　生活记录类短视频简介

| 短视频类型 | 生活记录类 |
| --- | --- |
| 特点 | 主播较为罕见、猎奇的生活场景 |
| 能力条件 | 罕见、猎奇的生活经历，或者异于常人的独特见解 |
| 主要变现途径 | 打造为行业意见领袖，后期卖课或带货 |

不得不提的是，在生活记录类短视频的衍生分支中，有一个被称为“Vlog”[1]的细分形式，通常是主播一个人面对镜头记录自己的生活，分享自己的见解。很多业内人士都认为这会是未来的短视频发展趋势，很多人都可以通过这种方式更深入地打造自己的 IP，建立垂直稳定的粉丝群，最后达到变现目的。

## 3.7 知识资讯类短视频

与颜值类、口才类、解说类、剧情演绎类、才艺类和生活记录类短视频不同，知识资讯类短视频更需要制作者有搜集、整理以及输出信息的能

1　Vlog，即“微录”，是博客的一种，全称为“video blog”或“video log”，即视频记录、视频博客、视频网络日志，是源于 blog 的一种变体，强调时效性，Vlog 的作者以影像代替文字或照片，撰写个人网络日志，上传与网友分享。

力，并且不能只是一味地做“知识的搬运工”，还需要去输出自己的观点，给人以启发。在抖音平台中，这类短视频的优质账号代表有：“人类观察所”“人类知识采集员”“EyeOpener”“地理老师王小明”，等等；快手平台中这类短视频的优质账号代表有：“木南公子·安雨辰”等。

知识资讯类短视频的特点就是，有好的选题、优质脚本和生动的表述方式。为什么用户喜欢看这类视频呢？很简单：长知识。而且知识资讯类的短视频如果能够持续产出优质内容的话，粉丝黏性会非常好，作品转发量和传播力度都非常大。

比如，你刷到一个短视频中说：“大家都玩过扑克牌对吧？你们知道扑克牌里的奥秘吗？黑桃的外形就是一棵树，代表春天，红心的外形是一个火热的心，代表夏天，梅花的外形是一棵盛开的树，代表秋天，方块的外形是一个冰块，代表冬天，所有的黑桃、红心、梅花和方块加在一起一共 52 张牌，正是代表一年的 52 个礼拜，那大王和小王呢？彩色的大王代表绚丽的白天，而黑白的小王代表单调的夜晚。”看完这段短视频的内容后，你是不是会情不自禁觉得：“哇，长知识啦！”而且这些内容，是不是可以作为和别人聊天的时候自己与众不同的谈资？所以，看到这类短视频，你大概率会随手给它点个赞，关注主播的同时，或许你还会进行转发。

那么，制作知识资讯类短视频有什么进入门槛呢？只需要你符合以下三个能力条件就可以了：擅长挖掘优质的选题，擅长搜集及制作素材，以及有较好的表述能力。

知识资讯类短视频实现变现的方式，一般以广告和带货为主，直播打赏为辅。

表 3-7　知识资讯类短视频简介

| 短视频类型 | 知识资讯类 |
| --- | --- |
| 特点 | 好的选题，优质脚本，生动的表述方式 |
| 能力条件 | 擅长挖掘优质的选题，擅长搜集及制作素材，有较好的表述能力 |
| 主要变现途径 | 广告和带货 |

## 3.8 教育教学类短视频

教育教学类短视频与知识资讯类短视频很容易被混淆，从内容上看，都是围绕让用户学到知识展开，可是各自的目标不同，教育教学类短视频一般最终都是要转化为卖课或者卖书的。抖音平台上这类短视频的优质账号代表有“楠哥有财气”“创业找崔磊”“秋叶 Excel”，等等；快手平台上这类短视频的优质账号代表有：“数学物理宫老师”等。

教育教学类短视频的特点就是：“碎片的知识”，干货和趣味相结合以及主题清晰，知识点抓人。看完每一个短视频都会让你掌握一个甚至多个知识点，但你会发现，想系统地学完这个知识，你还得看主播的其他短视频。大多数情况下是，你看完全部短视频后也是学不会的，那怎么办呢？

只能去买主播的课程或者书籍了。

如果想制作教育教学类短视频，需要的能力条件就是，要有完整的知识体系，有趣的内容呈现形式，以及可以给用户购买的课程或书籍。如果 David 在短视频里，用大学老师教学式的口吻来讲一些百度里就能搜到的知识："区块链是一个信息技术领域的术语。从本质上讲，它是一个共享数据库，存储于其中的数据或信息，具有'不可伪造''全程留痕''可以追溯''公开透明''集体维护'等特征。基于这些特征，区块链技术奠定了坚实的信任基础，创造了可靠的合作机制，具有广阔的运用前景。如果你想了解区块链的详细知识，欢迎大家购买我的课程……"如果打开这样的短视频，笔者相信不到 3 秒钟的时间，你就会关闭当前视频了。

教育教学类短视频的变现途径非常清晰，那就是，转到私域流量售课，或者售卖书籍。

表 3-8　教育教学类短视频简介

| 短视频类型 | 教育教学类 |
| --- | --- |
| 特点 | "碎片的知识"，干货和趣味相结合，主题清晰，知识点抓人 |
| 能力条件 | 完整的知识体系，有趣的内容呈现形式，可以给用户购买的课程或书籍 |
| 主要变现途径 | 转私域流量卖课 |

## 3.9 萌娃萌宠类短视频

以上介绍的颜值类、口才类等短视频类型，都是以主播自己作为短视频中的主角，而萌娃萌宠类则是以自己的孩子或者宠物作为短视频的核心。抖音平台上这类短视频的优质账号代表有："米雅妹妹""爱抽风的robi"，等等；快手平台上这类短视频的优质账号代表有："轮胎粑粑"等。

萌娃萌宠类短视频的特点就是，以孩子或者宠物作为短视频的主角，观众看完短视之后的心理独白大多是"可爱""呆萌"和"搞笑"。

有好多宝妈问笔者：为什么她每天晒娃晒狗都没人看，而别人的短视频就能很火爆呢？这就不得不说萌娃萌宠类短视频的制作能力及条件了。萌娃萌宠类短视频，不是说你家里有个娃，然后拍个娃走路，或者拍个狗吃粮就能一下子火爆的，毕竟有孩子的家庭不计其数，有宠物的也大有人在，只有精心设计的主题，甚至是形成系列短视频，才能打造出炙手可热的作品。

除此之外，孩子和宠物不能像成年人一样听指挥，让他笑他就能笑，让他往左走，他就往左走。所以，那些观看量超过百万的短视频，虽然只有短短的 15 秒时长，可能是主播花费了 3 个小时甚至是几天，积累了上百份素材，然后通过后期加工制作而成的。

那么，萌娃萌宠类短视频如何实现变现呢？由于萌娃萌宠类短视频的娱乐化特性，所以很容易培养出大批的死忠粉[1]，而且受众非常垂直和精准，都是喜欢孩子和宠物的人群，所以萌娃萌宠类短视频变现路径通常是做母婴育儿和宠物周边的带货。

---

1 死忠粉，"粉"，源自英文"fans"，前缀以"死忠"，表达了这个粉对其热衷的对象是很死心塌地的。

表 3-9 萌娃萌宠类短视频简介

| 短视频类型 | 萌娃萌宠类 |
| --- | --- |
| 特点 | 以孩子或宠物为短视频主角 |
| 能力条件 | 有孩子或宠物，精心设计的主题，形成系列短视频，有精力拍摄与后期制作 |
| 主要变现途径 | 母婴育儿和宠物周边产品的带货 |

## 3.10 街访类短视频

街访类短视频和萌娃萌宠类一样，都不是以主播自己作为短视频主角的。“街访”就是街头采访的意思，主播采用在街头随机采访路人的形式，来展示视频主题。抖音平台上这类短视频的优质账号代表有：“小七街访”“六六街访”，等等；快手平台上这类短视频的优质账号代表有：“保护我超哥”等。

街访类短视频的特点就是，通过向受访者询问一些大众比较关心的话题，或者比较犀利的问题，比如“前男友”“征婚”等话题，满足用户的好奇心。可以在抖音中搜索“带我吃饭就可以”这个短视频，在“带我吃饭就可以”中，主播“成都小甜甜”说：“能带我吃饭就好。”这样一句话让全国的男士又开始相信爱情了，疯狂地为她点赞和转发，一夜之间她吸粉无数。

由于街访类的短视频非常受欢迎，所以延伸出了一个变种，那就是摆拍的街访类视频。摆拍的街访视频就是，采访人和被采访人都是“演员”，他们的语言和动作都是事先设计好的，“摆拍的街访”其实可以归类到“剧情演绎类”短视频中。你可以在抖音中搜索“知识改变命运”这个视频，作为参考。

街访类的短视频制作能力要求非常高，首先需要善于策划吸引大众的话题，如果主题是“你晚上几点睡觉”这样的话题，那么用户的关注度并不会太高，但如果主题是“你是否会穿丁字裤”，这样的话题就会引起大家的好奇了。其次，还需要要有擅于选择合适的目标受访者的眼光，找到那些可能会语出惊人或者让用户喜欢的受访人。比如，Emma 准备询问“你是否会穿丁字裤”这个问题，看到前面有两个人，一个是盘着脏辫、身穿白色 T 恤、深色牛仔热裤的高挑美女；另一个是穿着保守，正在排队买打折鸡蛋的大姐。你认为，Emma 采访哪个人会让短视频的效果更好呢？再次，还需要主播“脸皮要厚”，因为除了要打破自己的心理障碍，直接和不认识的陌生人进行交谈之外，还要承受可能投来的异样眼光，甚至被误解而遭受攻击；最后，还需要制作者具备后期剪辑的能力，将多个街访视频合并成 15 秒到 30 秒的短视频。

街访类短视频如何实现变现呢？通常是根据产品来策划受众关心的问题，然后在街访短视频的最后，进行带货，比如刚才的案例中，“你是否会穿丁字裤”，可以在短视频的最后，推广一个“19 元丁字裤”的产品，来满足用户的猎奇心理；或者是根据自己的行业，策划一系列目标观众关心的话题进行街访，先圈粉[1]再变现。

---

1　圈粉，网络流行语，指通过各种方式扩大自己在社交网络上的粉丝群。

表 3-10 街访类短视频简介

| 短视频类型 | 街访类 |
|---|---|
| 特点 | 向受访者询问一些大众比较关心的话题，或者比较犀利的问题 |
| 能力条件 | 善于策划吸引大众的话题，擅于选择合适的目标受访者，“脸皮较厚”，具备后期剪辑制作的能力 |
| 主要变现途径 | 短视频、直播带货 |

# 3.11 种草类短视频

“种草”是当下较为流行的网络用语，表示“分享推荐某一商品的优秀品质，以激发他人购买欲望”的行为；也表示“把一样事物分享推荐给另一个人，让另一个人喜欢这样事物”的行为，类似网络用语“如安利”。以卖货、带货、销售产品为导向的账号，就叫“种草账号”。抖音平台上这类短视频的优质账号代表有：“拾荒开袋”“良介开箱”“老爸评测”“我是你的cc阿”，等等；快手平台上这类短视频的优质账号代表有：“直男开箱”“Big胖大测评”，等等。

种草类短视频的特点，一般比较多见的是评测、开箱，有少部分短视频会融入剧情。这类短视频比其他任何类型都要直接，很明显地告诉用户：“我就是要卖货的。”所以，愿意变成粉丝的用户，有很大概率会成为你的客户。

种草类短视频可以通过简单的图片、文字和主播口述的方式进行展示，也可以从电商平台或者官网上下载视频进行再加工。当然，笔者更推荐主播真人出镜，融入你的人设[1]，这样更容易建立用户信任感，从而打造自己的 IP。比如，在卖一款运动手表时，Sophie 就可以从开箱开始，一步步告诉用户自己的体验："这款运动手表包装很普通，和其他电子产品一样，可能是为了节省成本吧，反正包装也不会带在身上，这不是重点。打开包装，哇，这个手表第一眼看上去就很惊艳，磨砂的表带很舒服，让我带上看看，嗯，非常轻，重量这么轻，而且还能续航一周，真的是完美啊！你看我手这样晃动都没事，我这么喜欢跑步的人，跑步的时候带着肯定是没问题的啦！那防水效果怎么样呢？我把整个手表放到水杯里，然后再拿出来，还是能正常使用的呢！那我游泳的时候也能带着它啦，还能实时监测我的心跳数据。肯定把其他的人都惊艳到了呢。"

不管是抖音还是快手，都在加大力度布局电商，所以种草类的账号持续在增多，这就意味着有激烈的竞争，从而导致了如果想制作种草类的短视频的话，所需的能力条件就比较高：需要有质优价低的货源，了解产品特性和受众痛点，以及具备较好的销售口才。

种草类的短视频变现渠道非常简单，就是通过短视频带货，或者将粉丝引流到直播带货。笔者的三个种草类短视频主播朋友，每个月的月收入在 10 万到 30 万元左右，非常可观。

表 3-11　种草类短视频简介

| 短视频类型 | 种草类 |
|---|---|
| 特点 | 一般以评测、开箱为主，少部分视频融入剧情，目的直接：带货，粉丝转化为客户的概率较大 |
| 能力条件 | 质优价低的货源，了解产品特性和受众痛点，以及较好的销售口才 |
| 主要变现途径 | 短视频、直播带货 |

1 "人设"意为人物形象设定，这种人物形象一般是指内在的、比较正面、积极向上的形象。

# 3.12 图文类短视频

短视频的最后一种形式，就是图文类，也就是整个短视频只有图片和文字，就像是在看PPT一样。抖音平台上这类短视频的优质账号代表有“巨蟹的笔记”等；快手平台上这类短视频的优质账号代表有“图文馆”“义哥优品”，等等。

图文类短视频的特点就是，制作成本很低，对于创作者来说，只需要用到图片作为素材拼接成视频就可以了，不需要真人出镜。这个类别以前在短视频平台非常火，因为对于用户来说，看图文比较省力，信息传达也很清楚，所以产生了大量的图文类账号。但是从去年开始，短视频平台开始限制这一类的账号，为什么呢？因为短视频平台毕竟是视频平台，而不是图文论坛，再加上很多图文类的内容制作粗糙，质量低下，因此很多这类的账号都被降权，流量越来越少。

但是，高质量的图文类短视频依然能成为大爆款，比如在抖音平台搜索“巨蟹的笔记”的“行业人士曝光行业机密（三）”。看完之后你会发现，这个短视频是纯文字展示的，连图片都没有。但这条短视频的播放量达到了千万，点赞超过 170 万，可以说是大爆款了。

这说明还是有很多人有文字阅读习惯的。而且很难被人注意的是，这个视频里居然还植入了广告，在视频中的第 8 条：支付宝的隐藏省钱功能……这是一款叫“骑士卡”的产品的广告，这个广告做得真是毫无破绽，可见主播的广告变现能力之强了。

虽然图文类短视频对制作能力及条件要求较低，只需要会做简单的图片拼接，思路逻辑清晰就可以了，新手可快速上手，但这类账号可能越来越不受平台支持，所以笔者并不倾向于推荐大家去做。

图文类短视频的变现途径也比较简单，那就是，通过植入式广告来赚取广告费。

表 3-12　图文类短视频简介

| 短视频类型 | 图文类 |
| --- | --- |
| 特点 | 制作成本较低，只需要 PPT 软件就可以了 |
| 能力条件 | 简单的软件操作，思路逻辑清晰 |
| 主要变现途径 | 广告 |

以上通过很多案例、表格，详细介绍了 12 大短视频类型的特点、所需要的能力条件和变现途径。需要强调的是，以上列举的 12 大短视频类型，对引导你选择短视频制作方向是有借鉴意义的，当然还会一些其他类别的短视频，比如明星类和影视混剪类，等等，前者跟普通主播的相关性不大，没有太大的借鉴意义，后者存在版权风险，发展趋势不明朗，笔者并不建议大家去做。因此如上内容列入本书推荐的短视频类型中。

如果浏览了所有的短视频案例，你会发现，很多主播并不是单独属于某一种类型，你可能会从他们身上看到两种甚至多种类型的集合，比如口才好的颜值类达人、演技好的种草类达人，等等。这种多类型结合的达人，优势就会更大，比如抖音平台中的账号“豆豆 _Babe”，她就是既有颜值、又有口才，用户在观看视频感觉赏心悦目的同时，还能够领略到主播的好口才，这样不就更能够增加用户的关注度和点赞量了吗？关于兼顾多种类型的短视频，本书会在入门篇章节中详细介绍。

在商学院做线下培训时，有部分学员通过对以上 12 大短视频类型的对比后，对自己制作哪方面的短视频已经有了大致的方向，还有一大部分人并没有确定到底哪种类型适合自己，脑中满满的都是疑惑："我就是一个普通人，没有颜值、没有才华，每天 9 点准时上班，5 点准时下班，生活两点一线，没有什么优势呀?"对于这种情况，不用着急，你可以先试着去挖掘一下自己的潜质，或者找你身边了解你的人来问一问，找到你的特点和擅长。在本书的入门篇里也提供了"短视频制作方向选择模型"，来帮你快速明确短视频的制作方向。

# 4 个月粉丝百万，你也可以做到

许多人制作短视频是出于对“变现”的向往。当然，也有部分人是为了有事可做，实现自我价值，而不是天天在家里躺在五尺的床上刷最新的韩剧，看女主角为一个渣男落泪；或者是坐在电脑前，眼睛眨都不眨一下，“咔咔咔”地敲击着键盘，打着吃鸡游戏。但这部分不以“变现”为目的的人，当制作的短视频吸引粉丝日渐增加，可以通过许多方法实现变现的时候，他们会拒绝吗？当然不，获取回报是人类自我价值的一种体现。

## 4.1 不要急功近利地销售产品

如果制作短视频的目的是“变现”，那么短视频的内容就应该是销售商品。这个推论成立吗？完全不成立。

从逻辑上讲，即使短视频的“目的”是“变现”，也并不代表短视频的“内容”就应该是围绕“变现”展开的。就像 Thomas 要追求心目中的“女神”，他的目的是要和她结婚，难道 Thomas 天天向“女神”求婚吗？不是还要经常去星巴克喝喝咖啡，去电影院看看电影，去米其林餐厅吃吃自助餐，慢慢培养感情吗？

更何况，变现的途径不仅仅只有销售产品这一条路。主播们可以采用在短视频里植入广告，引流到直播等方式，这些都可以达到变现的目的。所以，在短视频里粗暴地直接销售商品才能达到变现的目的，这个推论是错误的。

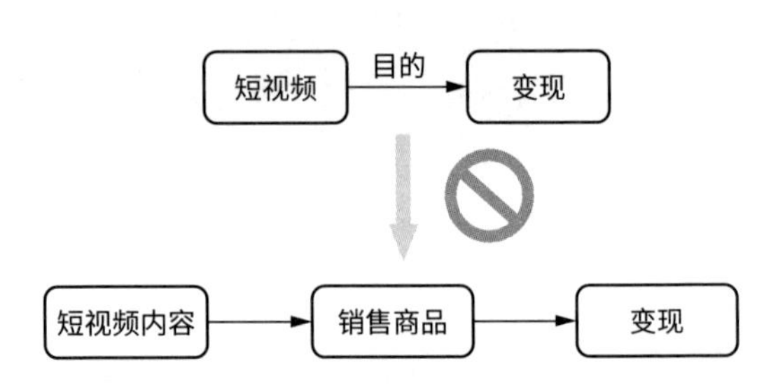


图 4-1 “短视频内容 = 销售商品”的推论不成立

而且，短视频平台不同于淘宝或者微信朋友圈，它的平台定位不是电子商务，不是售卖产品，也不是社交平台，它是一个以内容为主的大众娱乐平台，这是它的平台定位。一旦短视频平台脱离了这个定位，转做电商或者社交，那么对于平台来说，无异于要去和淘宝与微信直接竞争。

因此，短视频平台的一切机制，都是围绕着怎样产生源源不断的优质短视频内容而设计和展开的。所以大家会发现一个现象，通过短视频直接展示商品去售卖的，绝大多数都失败了，原因就是这类内容不符合平台定位，怎么可能有流量呢?

综上所述，对于短视频的内容来说，主播们的最终目的虽然是变现，但不能将其作为直接手段，而是需要通过短视频内容来吸引与主播们匹配的粉丝，最后才能达成变现的目的。

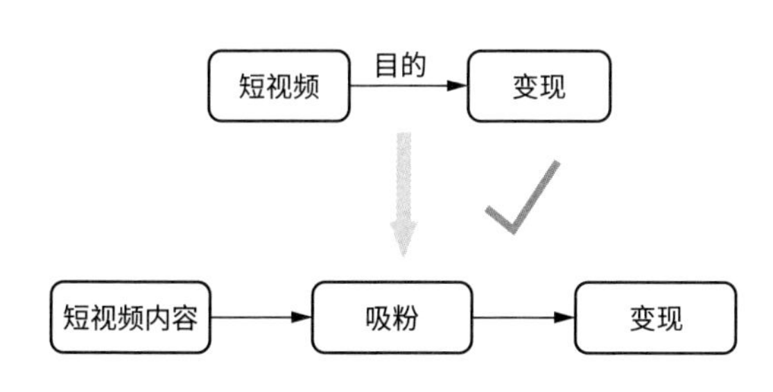


图 4-2　短视频的内容须先吸粉，才能实现变现

## 4.2 4 个月破百万粉丝

当深入了解短视频平台的机制后，笔者决定先通过做精内容来吸引粉丝，最终再实现变现。

笔者从 2019 年 6 月 10 日开始决定制作短视频，首先花了半个月的时间仔细研究了各个平台的机制和玩法，最后选择了“抖音”这个平台（为什么选择抖音平台，我会在进阶篇中进行详细介绍），接着笔者一个人，用一部手机，并且每周只用周末的两天时间（因为笔者当时还在上海一家

企业担任管理工作）开始构思、拍摄、剪辑并上传短视频。

6 月 13 日，笔者开通了短视频账号“小囧君”，7 月 2 日，抖音粉丝超过了 10000 人，截止到 11 月 3 日，4 个多月时间，粉丝突破 100 万，点赞数 1400 万，作品的总浏览数达到 2.2 亿次。

图 4-3　笔者的短视频账号

其中，有 7 个短视频播放量破千万，2 个短视频名列抖音播放量日榜前十名。

似乎一夜之间，笔者就被全国各地的亲朋好友刷到，很多同学和朋友都好奇地问我：“你是不是加入团队创业了啊？”其实，只有我和自己家人知道，一到晚上或者周末，我就把自己关在小房间里，一个人潜心研究短视频。

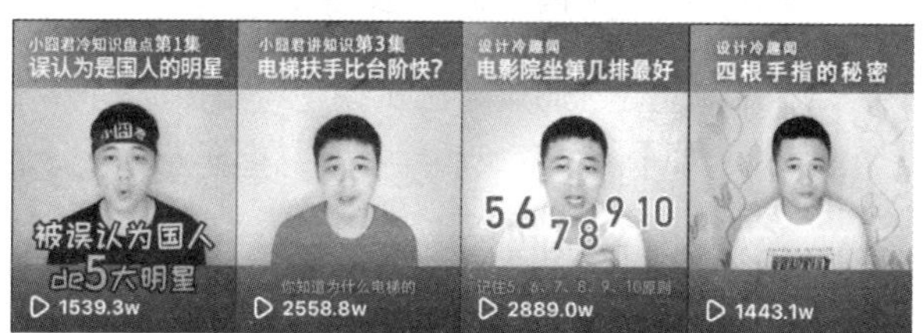


图 4-4　笔者的爆款短视频

亲历 4 个月突破百万粉丝的过程，笔者悟到了两件事：

1. 即使是利用业余时间，你也可以从事短视频自媒体行业。

2. 短视频虽然不及电影复杂，但是麻雀虽小五脏俱全，内容策划、脚本设计、出镜拍摄、配音和后期制作等，一样都少不了。

从开通短视频账号的那天开始，笔者深挖短视频领域的每一个细节，包括“内容定位”“IP 打造”“平台规则”“变现方式”等，也踩了很多坑，

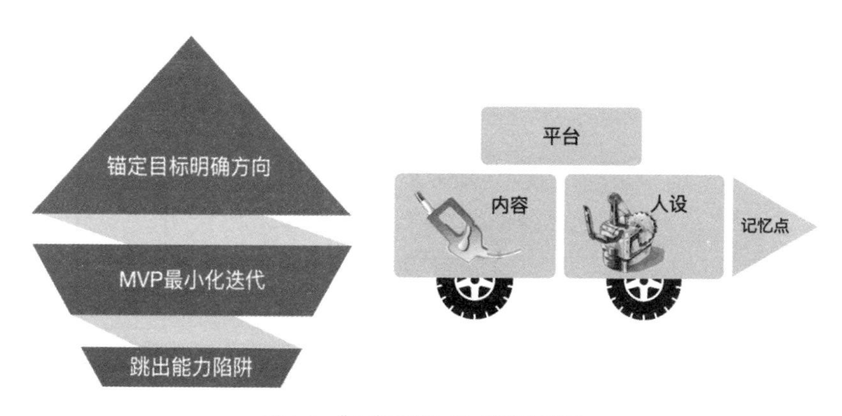


图 4-5　“三步模型”和“汽车模型”

总结了许多有用的经验。再加上这期间陆续有很多 MCN 机构邀请笔者加入，从他们那里更深入地了解到很多行业内部关于短视频的信息和窍门，笔者把这所有的经验总结浓缩成了以下两个模型："三步模型"和"汽车模型"。

通过"三步模型"，你可以科学快速地明确自己的短视频方向，笔者会在本书的入门篇中进行详细介绍；"汽车模型"可以让你快速制作出爆款短视频，在本书的"进阶篇"中会进行详细介绍。

已经有超过数千名学员通过这两个模型开启了自己的短视频自媒体的道路，很多学员都反馈说，通过学习，自己从一个没有方向的"小白"，建立起了清晰的思路，学会了许多落地的实操方法，并且还让他们少走了很多弯路。

截止到 2021 年 1 月，在统计的 300 名开通

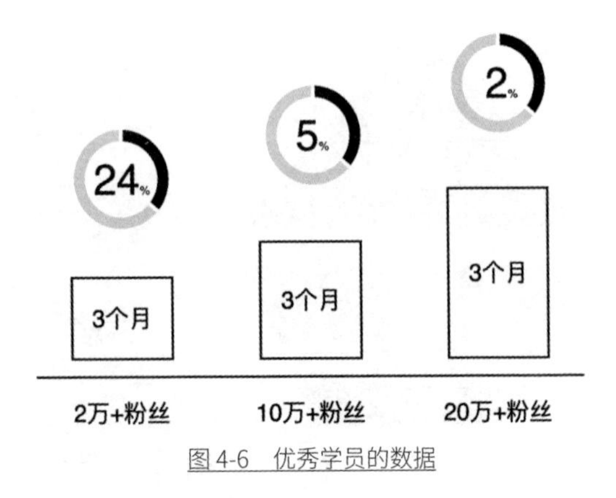


图 4-6　优秀学员的数据

短视频账号的学员中，已经有 73 名学员粉丝达到 2 万 + 人，有 16 名学员粉丝达到 10 万 +，还有 7 名学员粉丝达到 20 万 +，平均用时为 3 个月。

在未来的几年里，相信会有越来越多的学员成为十万、百万甚至是千万级的主播，而本书作者则非常愿意助力并见证短视频领域的爆发式增长。

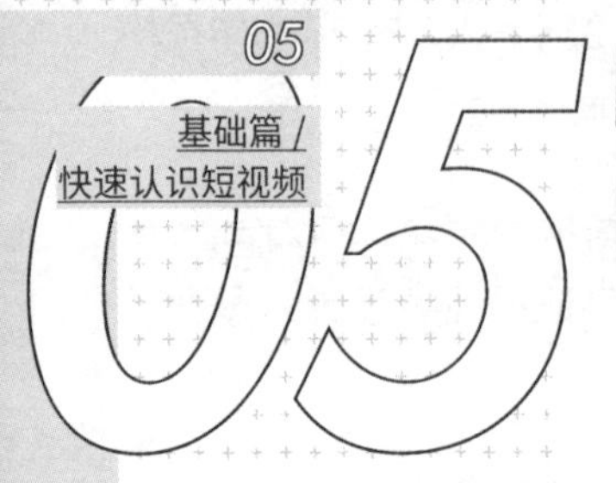


# 悟道：跳出能力陷阱，跨界，重新开局

“男怕入错行”这句话非常深入人心。其实不仅仅是“男”怕入错行，“女”也怕入错行，笔者熟识的一名上海市第一批获得认证的职业规划师，他和笔者说，虽然一直在提倡“先就业再择业”，但是在他接触的上万名来访者中，都非常担心，自己万一第一步跨错了，是不是就没法再挽回？

“如果我从事了电子商务行业，那么我是不是以后天天就是进货、仓储、客服和物流了，再也没法跳出去改行？如果我从事了小程序开发行业，那么我是不是以后天天都是都要面对 HTML、CSS、JS 和 API，很难再转行？如果我从事了教学工作，那么我是不是以后天天就是备课、知识体系搭建和教学设计开发，难以转做其他行业？”

看着拥挤地地铁里，一张张昏昏欲睡的脸；听着办公楼里，唉声叹气的上班族互相交谈；感受着互联网上对自己工作不满的愤青们的情绪；笔者发现，很多人都在做着自己不喜欢或不擅长的工作，并且笃定：“这就是我一生的宿命，我要认命！”

实际上，任何人所经历的一切都已是

“沉没成本”，是指以往发生的，但与当前和将来决策无关的费用，也就是说，过去的已经过去了，哪怕以往花费了很多时间、很多精力，都已经无法挽回了，但为什么要仍旧深陷其中呢？就像买了一只股票，已经亏损了65.8%，而且明知明天还要跌，下一步应该怎么做呢？有两个选项：

选项一：陷入“我已经守了这只股票20年了，我舍不得”这样的情绪中。

选项二：算了，割肉[1]吧，明天还要跌，过去就过去了。

思路清晰的人都会选择后者，可是在现实中碰到相似的选择时，大部分人却做不到很理智地做出选择。所以，当你感受到身陷困境，就要想办法摆脱能力陷阱，从“陷阱”中跨越出来。

跨界和转行才是最明智的选择，这个想法也许在你心中已经闪过了无数次，但是迟迟不敢迈出那艰难的一步，为什么呢？因为“害怕”，害怕自己前20年甚至30年的付出都打了水漂，害怕自己在新的领域里从头开始会满路荆棘，害怕自己已经拥有的一切会付诸东流，害怕自己的房贷下个月没有办法还上。

笔者用自己的亲身经历来告诉你，跨界真的没有像你所认为的那么困难。笔者从一个完全没有接触过互联网媒体的人，可以在4个月内跨行做起自媒体；从一个从没上过讲台，没讲过一节课的普通人，经过2个月的准备，就能变身成为商学院最受欢迎的讲师。

笔者并不是天赋异禀，只是愿意跳出自己的能力陷阱，不回头看，只往前看，笔者只是在不断跨界寻找新的出路。

你也许会说：“唐立君，你才30多岁，当然可以跨界，我已经40多岁了，你没听过‘40岁定型论’[2]吗？”

---

1　割肉，即止损，是指当某一投资出现的亏损达到预定数额时，及时斩仓出局，以避免形成更大的亏损。

2　40岁定型论：社会上存在的一种片面的观念，认为一个人到了40岁，心智、能力包括所拥有的财富和地位等相对定型，很难突破或改变的一种观念。

记得有一部国外的纪录片，片中一名记者采访了养老院里的一位 100 岁老妇人，记者问老妇人：“您已经 100 岁了，回顾过去，人生中有会让您遗憾的事情吧？可以说一件您最遗憾的事情吗？”

这个记者非常期待地看着老妇人，希望她说出一段泰坦尼克号式的爱情故事，或者是凄惨悲凉的战争迫害。而老妇人看着窗外的树叶一片片地掉落，非常冷静地说道：“我最遗憾的事，就是在 90 岁的时候没有开始练习我梦寐以求的钢琴演奏，不然现在我已经是有 10 年演奏经验的钢琴家了。”

我记得很清楚，当时片中这名记者笑了笑，整整 5 秒钟没想到如何接话，也许，他是被深深震撼到了。

《百岁人生》这本书中曾经提到，根据权威科学推测，我们这一代人普遍都能活到 100 岁。从这个推论中不难得出，不要说 40 岁，50 岁、60 岁也才是一个人一生中的青壮年阶段。这么说的话，每个人一生都很可能会有几个、十几个甚至几十个不同的职业经历，100 岁的老人还在心心念念地遗憾 90 岁的自己没有开始跨界，而作为“年轻人”的你，还在犹豫什么呢？

行动起来吧！随时清零、跨界，重新开局。

# 入门篇 / 明确短视频制作方向

本章节中，你可以根据“短视频制作方向选择模型”，来判断并明确自己短视频的制作到底从什么方向开始，并且可以快速上手进行短视频的拍摄和剪辑。

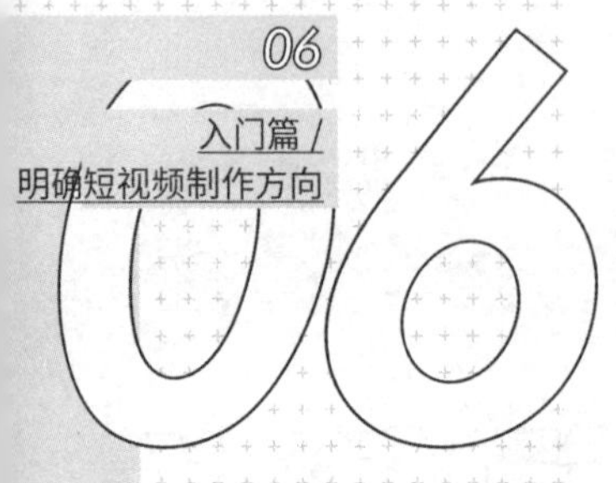

# 三步模型明确短视频制作方向

在上一篇章中，你已经快速了解了四大自媒体变现的渠道以及全网短视频的 12 大主要类型，有部分学员通过对比 12 大短视频类型后，就大致明确了自己适合制作哪方面的短视频，但仍旧还有部分人并没有确定到底哪种类型的短视频适合自己。“我该从哪种类型的短视频制作开始呢?”下面的内容就会帮助你快速明确短视频的制作方向。

首先，我们从主播自身来开始分析。

确定不了要从哪种类型的短视频入手的原因是什么呢？笔者特地做了一份调查，无法确定进入短视频方向的三个主要原因[1]大致概括如下。

1. 感觉自己都不适合。可能是因为颜值不高、口才不好、没有才艺。

2. 可选方向多，但具体从哪儿入手，暂时拿不准。因为都没有做过，所以不确定自己适合哪一种。

1 调查为多选，所以结果总和并非 100%。

3. 不知道如何将自己的目标和短视频制作挂钩。

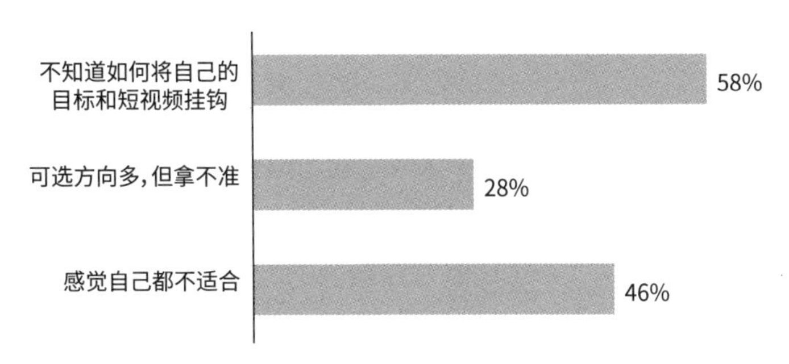


图 6-1 “无法确定从事短视频制作方向的原因”调查结果

为了解决这些问题，笔者构造了一个“短视频制作方向选择模型”，该模型由三个步骤组成，依次对应为：锚定目标明确方向、MVP 最小化迭代、跳出能力陷阱。

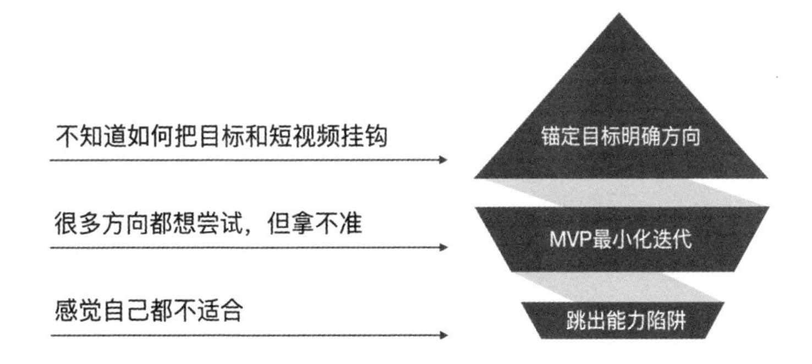


图 6-2 短视频制作方向选择模型

下面我们将从底层向高层，分别详细讲解“短视频制作方向选择模型”中的三个步骤。

# 6.1 跳出能力陷阱

什么叫“能力陷阱”呢？当人们对擅长的事做得越多，就越会固化自己的能力，从而忽略其他方面能力的培养。比如，Cindy在制作PPT方面的能力很强，所以Cindy就会愿意在这方面多花时间，而同事们也会因为Cindy制作PPT很厉害，就一直来请教Cindy。而当接触到视频制作的时候，Cindy就会认为：“我这个不擅长，也不会愿意花时间去培养这方面的能力。”其实，如果Cindy在视频制作上投入和制作PPT同样的时间与精力，同样可以在视频制作领域成为高手。这就是我们所说的“能力陷阱”，能力既是优势，也是陷阱。

而“跳出能力陷阱”，就是要摆脱这种局面。抖音和快手中有很多人都是被逼出来的，比如抖音里的头部主播“多余和毛毛姐”，他有几千万粉丝，在短视频中表演得非常好。但你可能想不到，以前他是个理工男，因为受不了朝九晚五的工作，所以开始进入短视频的制作领域。他就是被逼“跳出能力陷阱”的典范。

当决定跳出能力陷阱之后，你就不用思考“我什么都不适合”这个问题了，而是应该思考“我下一步该做什么”和“什么时间开始做”。

当然，如果你无暇学习或亲自去完成，

笔者建议你可以去找擅长的人合作。比如，有些电商会找在校的大学生合作制作短视频，因为大学生有想法、有创意，且他们也想获得发展机会，本来要面临就业，正好有人愿意出资让他做短视频，互惠互利，一举两得。你可以传授给他们制作短视频的方法，然后给他们提供货源，实现变现后再和他们利益分成。进一步，你还可以尝试和各类大学生进行合作，做得好的就继续合作，如果做得不好就淘汰，这样可以控制前期成本的投入，而且短视频的成功率会直线上升。

## 6.2 MVP 最小化迭代[1]

在基础篇中，我们详细介绍了短视频的 12 大主要类型，有些人发现："符合我条件的太多了，我该选择哪个呢？颜值类我可以做，我口才类也能搞定，我还有口技的才艺，我家的猫咪也可以拍萌宠类呢。"

当选择太多而拿不定主意的时候，就可以使用"MVP 最小化迭代"了，先选择多个方向，然后以最低的成本快速把短视频做出来，短视频可以先不用太细致地进行打磨和后期剪辑，只要能体现核心内容就可以了。上传后根据平台数据的分析和用户的反馈，再逐渐迭代并最终选择、确定最适合自己的方向。

---

1 MVP（minimum viable product），最小化可行产品。该概念由 Eric Ries 在《精益创业》里提出，是让团队用最小的代价实现一个产品，最大限度地了解和验证对用户问题的解决程度。这样可以快速提供最小化可行产品，获取用户反馈，并且持续快速迭代，直到产品达到较稳定的阶段。MVP 是初始团队启动项目的重要手段，它可以帮助团队快速验证目标，快速试错。

这样做有什么好处呢？可以让你很快就行动起来。你可以用三个手机号码注册三个短视频账号，然后分别尝试你觉得感兴趣的短视频类目，比如颜值类、解说类或才艺类，然后分别制作并发布视频，最好每个账号都保持日更一条，最后根据平台数据分析（平台数据分析相关内容详见本书高阶篇）和用户留言，修改迭代、跟进发布，循环往复，这样操作到第 10 天或半个月左右的时候，你就可以将数据较差的账号舍弃，将数据效果较好的账号继续深挖、深耕了。

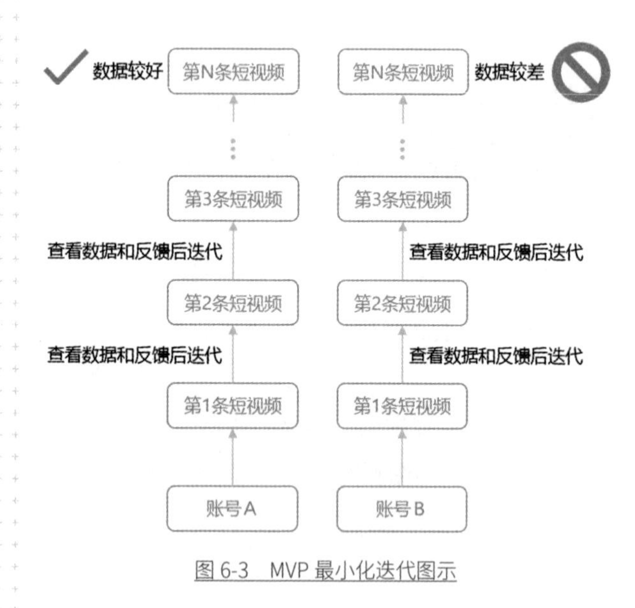


图 6-3　MVP 最小化迭代图示

## 6.3 锚定目标确定方向

从“短视频制作方向选择模型”中，我们可以发现，从“跳出能力陷阱”到“MVP 最小化迭代”，路径的宽度是越来越宽，因为这两个方法就是帮你拓宽思路的，图示中路径再往上到“锚定目标明确方向”，逐渐变窄了，为什么呢？因为这一步需要你进行聚焦了。

那什么是“锚定目标确定方向”呢？不管主播选择了什么类目的短视频，在具体落实的时候，都需要结合自己的目标来规划。比如，Baker 是一个卖时装的电商，那么 Baker 在打造短视频账号的时候，就可以定位在“时尚达人”这个人设上，这样 Baker 才能吸引来最终会买时装的粉丝。如果 Baker 天天蓬头垢面地演绎一些喜剧短视频，那么，哪怕有再多的粉丝，也没有人会信任他兜售的时装可以让他们变得时尚。简单说，你的短视频最终需要为你的目标代言。

如果你现在还没有自己的商业目标，那么我建议你暂时先合上本书，冷静地思考 5 分钟，自己到底想要什么。不然你花费九牛二虎之力造了一个登月火箭，等发射升空之后，再反应过来：“我不是要去月球啊，我是要去火星啊！”很多人就是因为在制作短视频之前没有想好自己的商业目标，所以后期导致自己积累的短视频粉丝和自己的最终目标群体差异太大，给后期变现造成了麻烦。

如果暂时没有具体的商业目标，可以先以你的兴趣作为切入点，因为短视频变现的方式远不止带货一种，未来你也可以选择接广告或者直播打赏。但是需要特别提醒的是，如果现在没有具体的商业目标的话，那么你吸引来的粉丝可能是五花八门的，以后带货的选择可能会越来越窄。

当了解了完整的“短视频制作方向选择模型”后，主播需要合理地分配自己的资源，然后多个跑道快速测试，最终确定自己的目标。



## 6.4 “短视频制作方向选择模型”案例

为了能够让你更好地应用“短视频制作方向选择模型”，下面我们举一个完整的案例。

需要说明的是，在讲解模型思路的时候，我们遵循的逻辑顺序是从模型的底部开始，自下往上推演；而在依据模型现实操作，选择短视频制作方向的时候，则需要从模型顶部开始，首先要锚定目标，依循模型从上往下来实践。

首先，需要明确自己的商业目标。比如，Neo 的目标是通过销售服装变现，那 Neo 的短视频制作方向就应该是“服装销售”。然后再进一步思考，自己的目标观众，也就是将来会买服装的人，他们会有什么需求呢？他们需要“懂得穿搭技巧”。

接下来，依循模型，到“MVP 最小化迭代”阶段，需要根据商业目标，初步筛选、确定 Neo 的短视频制作方向。 Neo 的商业目标是销售服装，那么就可以先快速确定两个方向：

第一，制作剧情演绎类方向短视频，演绎 Neo 的服装给人带来的改变；

第二，制作知识分享方向，Neo 教授粉丝穿搭技巧。

虽然目前确定的方向并不十分成熟，没关系，根据 MVP 最小化迭代，这是主播们最终确定目标的必要途径，后期会慢慢筛选并确定到底哪个是 Neo 的短视频制作方向

在明确了两个可选方向后，接下来就是将目标拆解，制定详细的行动计划。比如：前期试水阶段，Neo 计划一周做 4 个视频（每个方向各 2 个），先投放看效果。

最后阶段，是“跳出能力陷阱”，Neo 需要评估自己确定的两个方向是否能正常实施，然后来确定怎么分配人力资源。比如，Neo 平时很爱表演，做剧情演绎类视频完全没有问题，但是穿搭技巧并不是自己擅长的，那么，他要么找别人来做，要么花 1 个月时间去报培训班学习。

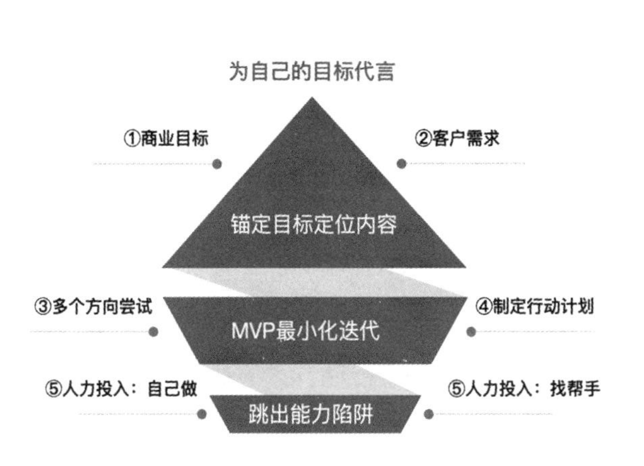


①商业目标：**销售服装。**

②客户需求：**穿搭技巧。**

③我确定的短视频方向
**方案1：做剧情演绎类方向，演绎我的产品给人带来的改变。**
**方案2：做知识分享类方向，教授穿搭技巧。**

④制定行动计划
**前期试水阶段，我计划一周做4个视频，先投放看效果。**

⑤人力投入
**打算自己做方案1，方案2不擅长，需要找人帮我一起做。**

图 6-4　短视频制作方向选择模型案例流程

通过这种方式你会发现，根据你的目标可以快速制定多个短视频方向，并且你会跳出能力陷阱，合理分配你的人力资源，增大你的测试样本量。然后根据你制定的更新时间和更新频率，让项目快速行动起来，通过数据反馈进而迭代，最终找到正确的短视频方向。

为了能够方便你操练“短视频制作方向选择模型”，我们给出以下表格供你随时取用。

表 6-1　短视频制作方向选择模型表

| 商业目标 | |
|---|---|
| 客户需求 | |
| 短视频制作方向（至少 2 个） | 方案 1: |
| | 方案 2: |
| 行动计划 | 方案 1: |
| | 方案 2: |
| 人力投入 | 方案 1: |
| | 方案 2: |

填写完这张表格之后，并不代表你的短视频制作方向已经明确了，这张表格只是一个指引，你需要有效执行表格中的行动计划才能够最终确定自己的短视频方向。具体如何来制作一个短视频，你可以在下一个章节中找到答案。而且当你开始执行行动计划之后，根据笔者以往的经验，只需要 5 周左右的时间，你就基本可以明确自己的短视频制作方向了。

# 60 分钟上手短视频拍摄

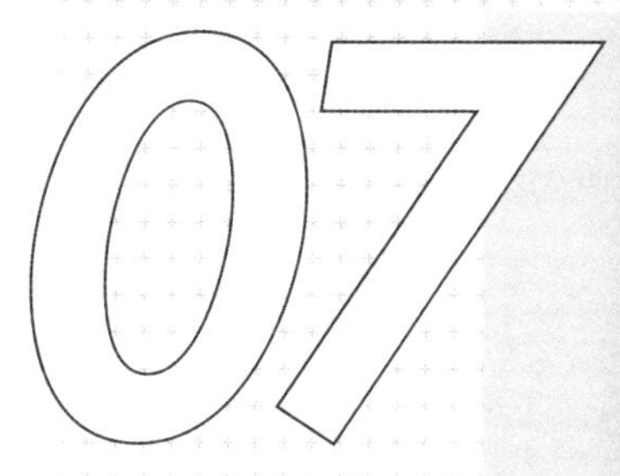

在上一章节中，详细介绍了“短视频制作方向选择模型”，并引导你写下自己短视频制作方向和具体的行动计划，当你写完短视频剧本，开始决定拍摄的时候，是不是会有一种无助感呢？心里在嘀咕：“短视频拍摄我没做过啊，我做不了啊，怎么办呢？”

在基础篇中有关短视频误区里，我们也提到，哪怕不会拍摄、不会剪辑，也可以快速上手。并不是如你所想，不会像做“佛跳墙”一样复杂，需要 11 味主料、16 味辅料、23 道工序之类的流程和准备，才能完成一道大菜。短视频的拍摄和剪辑就像煮泡面一样，每个人都可以快速上手。接下来，我们将会用两个章节的内容来分别介绍短视频的拍摄和剪辑。本章节介绍短视频拍摄，下一个章节介绍短视频剪辑。

你可能会疑惑，短视频的拍摄和剪辑，两个章节的内容就能教会我们吗？网络上有很多教拍摄和剪辑的教程视频，动辄就是 30 集起步；去书城找相关的专业书籍，最薄的书也得 200 多页呢。

的确，两个章节的教学内容，不可能让你成为拍摄和剪辑的高手，但拍短视频所需的基础技巧，基本上都覆盖了。那么，与拍摄和剪辑相关的网络课程或者书籍为什么会有那么多内容呢？因为这些书籍大而全，假设花了很多时间和精力全部学完后，你会发现，实际上在拍摄短视频时会用到的技巧、技术以及拍摄功能，可能也就仅仅占了教授的所有拍摄剪辑内容的十分之一左右，甚至都不到。比如，“炫酷转场特效”“抠人换背景”等拍摄技术和技巧，很多教程或书籍中都会讲到，但是笔者做了超过 100 个短视频，基本就没有用到过这类拍摄技术和技巧。

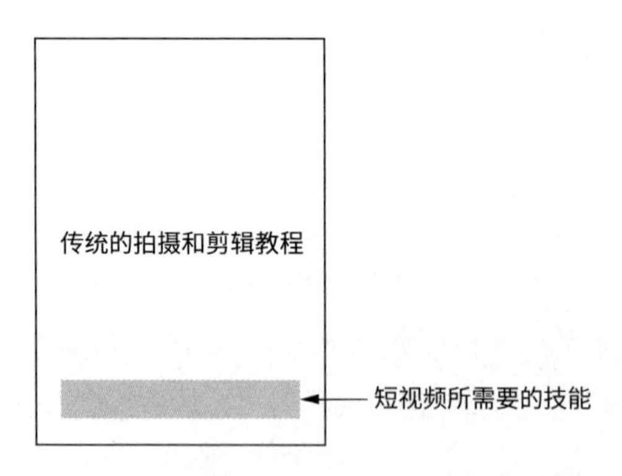


图 7-1　拍摄短视频所需要的技能仅占传统拍摄教程内容的十分之一左右

之所以我们能够用两个章节的内容就可以把短视频的拍摄和剪辑技术及技巧讲授完，是因为我们剔除了那些拍摄短视频用不到的功能，只留下对你有帮助的精华部分，让你可以快速上手操作。使用“MVP 最小化迭代”方法，小步快跑，快速迭代。明确了某一个短视频制作方向之后，如有进一步的需要，再逐步去提升某一方面的拍摄、剪辑的能力。但是，首要一条是，千万不能止步于起步阶段。

首先介绍短视频的拍摄技巧。有很多学员问：“小囧君，你的短视频拍得这么清晰，是不是单反相机拍的?”前文我们就已经介绍过，1500 元以上的智能手机自带的相机，完全能满足短视频拍摄的要求了，而且手机上的摄像头带有自动对焦，自动处理虚实关系。如果你本身就是一名摄影爱好者，有佳能 EOS 单反或者尼康 D 系列，那么采用专业级的拍摄设备自然最好，但如果你本身就不是摄影发烧友，千万不要花精力和金钱在拍摄设备上，因为这绝对不是短视频拍摄的核心竞争力。

短视频的拍摄可以简单分成两类：室内拍摄和室外拍摄，其中室内拍摄以固定机位[1]拍摄为主，而室外拍摄一般以移动机位拍摄居多。接下来我们将详细介绍这两种拍摄的具体要求和技巧。

## 7.1 室内拍摄

室内拍摄是短视频中比较常见的拍摄手法，当主播准备好内容，需要开始拍摄短视频时，主播有三种拍摄配置可以选择，分别是：简易版、基础版和专业版。

---

1 机位，是电影的创作者对摄影机拍摄位置的称呼，也是影片分析中对摄影机拍摄点的表述。

## 7.1.1 简易版拍摄配置

当你第一次制作短视频，想尝试一下，看看短视频是否适合自己时，建议使用简易版就可以了。简易版的配置通常需要一个宽 1.5 米、长 2 米的空间，在这个空间里，所需的设备和条件由 5 个部分组成：灯光、手机、手机支架、主播位和背景墙。

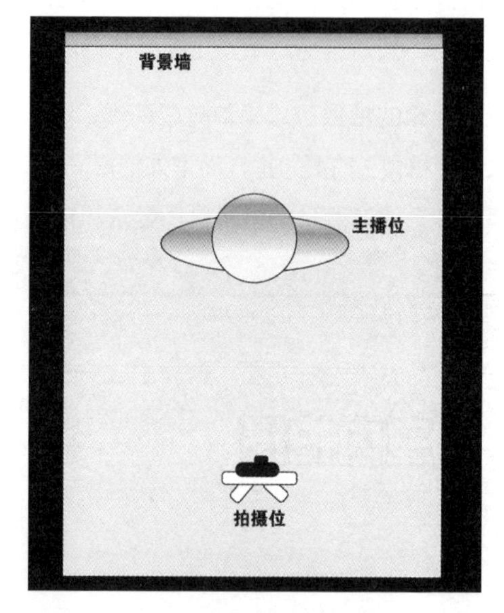


图 7-2 简易版拍摄配置示意图

关于灯光，只需要把房间里的灯打开到最亮就可以了。

使用手机拍摄，如何能够拍摄出高清视频呢？我们需要在手机里设置一下，苹果手机需要打开“设置-相机-录制视频”，选择“1080p，

30fps/60fps”，相机格式选择“兼容性最佳”。

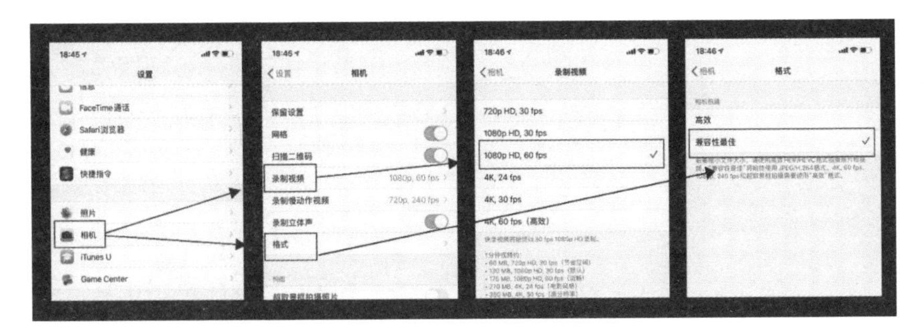


图 7-3　苹果手机设置高清视频拍摄步骤

如果手机是安卓系统，则须打开相机 APP，然后单击“设置”，将视频分辨率设置为 1080p。

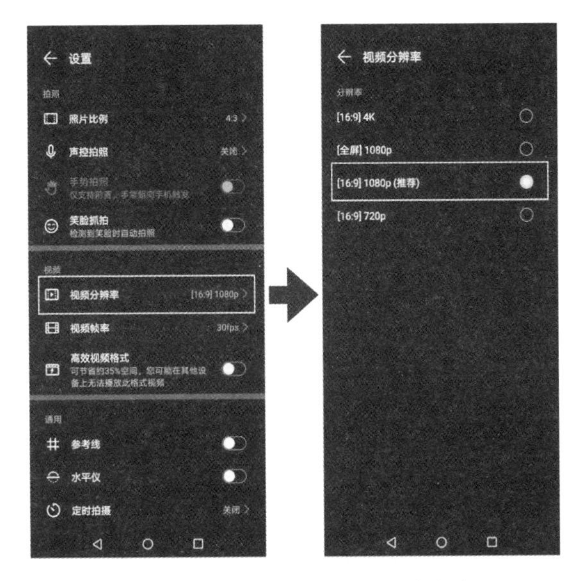


图 7-4　安卓系统手机设置高清视频拍摄步骤

手机架需要放到主播的正前方，高度保持与主播平视位置即可。支架可以放在地上，也可以放在桌子上。网上购买一个可以伸缩的手机支架，费用在 50 元左右。

再说说主播位的位置。要确保人不能离手机太近，否则会出镜。由于简易版配置是针对第一次拍摄短视频进行尝试所用的，所以不需要准备专用的椅子。

最后，背景墙也不需要太费周章特地去购买专用的背景布，毕竟简易版配置只是让你尝试一下短视频的拍摄，所以只需要寻找合适的场景就可以了，哪怕是家里一面普通的墙壁都可以。需要注意的是，主播位需要和背景拉开一定的距离，增加整个画面的纵深感和层次感，避免画面太平。

那么，这个简易版的配置需要花费多少钱呢？只有手机支架是需要购买的，花费只需要 50 元左右。

简易版配置的成本非常低，对于前两次想尝试一下的你来说，是非常容易做到的。

### 7.1.2 基础版拍摄配置

当你决定要正式开始制作短视频时，简易版配置就满足不了了，需要采购基础版配置。基础版的配置，首先通常需要一个宽 1.5 米、长 2 米的空间；其次在这个空间里，须具备以下 6 个设备和条件：美颜灯、轮廓灯、手机、手机架、主播位和背景墙。

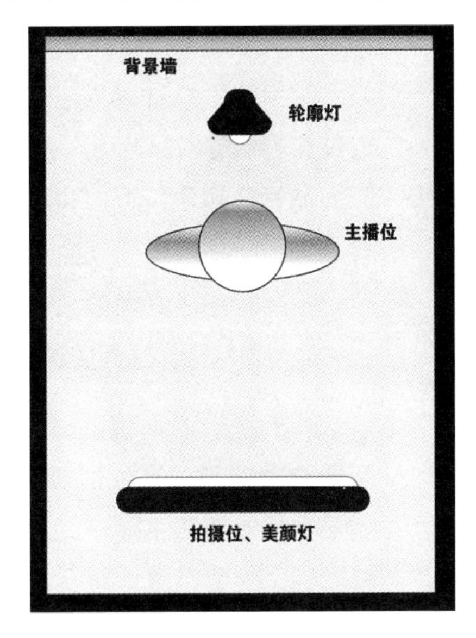


图 7-5　基础版拍摄配置示意图

首先是美颜灯。现在很多的短视频制作者或者直播主播都会用到环形的美颜灯，因为它的环形结构令补光非常完整，不会让人物面部产生阴影，而且占用空间很小，价格还很便宜，网上售价在 300 元左右，所以成了很多人的首选。

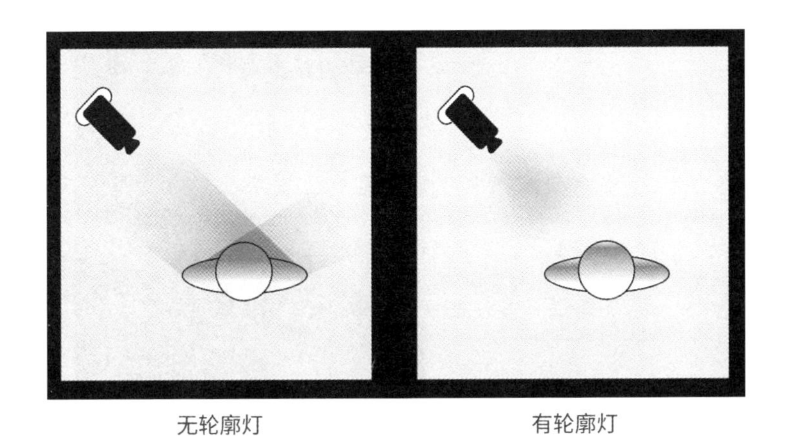


图 7-6　有无轮廓灯对比图

其次是轮廓灯。轮廓灯放在主播位的正后方，家用的台灯就可以，最好是带夹子的，可以夹在主播位的靠背上。如果没有轮廓灯的话，因为和背景颜色接近，导致在视觉上主播会与背景融为一体，画面就会显得很平，没有层次感。轮廓灯能很好地把人物和背景区分开，让人物显得更鲜活，画面层次感也会更好。

关于手机的设置，已经在前文中介绍过，需要注意的是，当主播要经常拍摄短视频时，如果手机支架离主播较远，直接伸手碰不到手机的话，需要频繁地起身走到手机前操作，这样做很不方便。所以，我们建议还需要准备一个蓝牙控制器，坐着就可以直接控制相机而不用起身，非常方便。蓝牙控制器网上售价一般在 20 块钱左右。

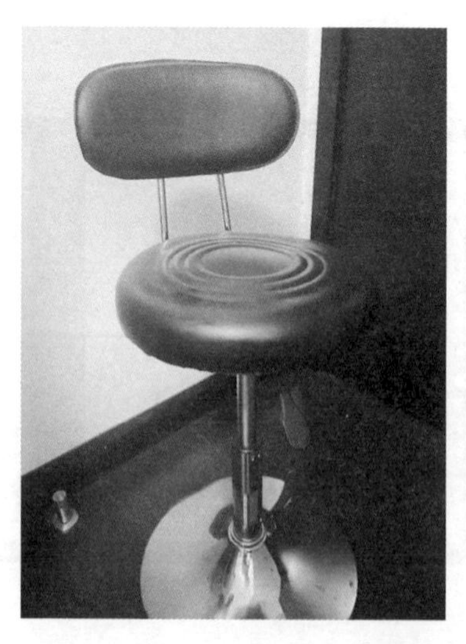

图 7-7　吧台椅

与此同时，还需要准备一张合适的椅子，椅子太硬或者太软都不好，因为录制过程可能会较长，一两个小时下来，腰部会非常难受。椅子最好有靠背，这样坐着的时候腰部可以得到支撑，但靠背不能太高，不然轮廓灯就失去了作用。笔者的方法是，准备一张软一点的、有个小靠背的吧台椅，这样，腰部既有支撑而且也不会影响轮廓灯的使用。

最后，关于背景墙，不能再如简易版拍摄时那么简陋了，毕竟主播要长时间制作短视频，而这个背景墙将会高频率地出现在每个短视频中，也就是说，背景墙会一直影响着用户的感官反应。所以，这个背景墙需要能匹配你的短视频内容的风格。比如，Frank 须制作知识资讯类和教育教学类的短视频，那么，后面一排书架是完美的选择；如果 Gary 须制作颜值类或者口才类的短视频，那么，一面素色的墙壁，加上一幅画是一个不错的选择。

但是，如果家里没有书架呢？难道为了拍摄短视频把家里重新装修一下？大可不必，笔者推荐使用背景布就可以了。原因有二：一是背景布成本低；二是变通性很大，当你需要更换主题的时候，随时都可以换，不像实景更换那么复杂。你可能会觉得："背景布会不会显得很假？被人一眼就看出来多不好啊？"其实现在很多背景布都做得很仿真，在灯光和镜头的掩护下，有很多都可以做到以假乱真。早期"罗辑思维"[1]的视频版中，罗振宇（人称"罗胖"）身后有个非常漂亮的书架。对于做知识咨询类短视频的他，选择书架作为背景是非常明智的，有很多观众都很喜欢那个书架，问罗胖哪里有卖。后来罗胖在一次节目里道了真相："那只是块背景布。"所以你根本不用担心背景布效果不好，而是应该把心思放在"我该选择怎样的背景布来匹配短视频内容的调性"。

那么，这种背景布该怎么挂呢？一些轻质的背景布只需要用胶带将上面两个角黏在墙上就可以了。如果背景布较重，有两个选择：如果你的空

---

1 罗辑思维，指知识服务商和运营商，主讲人是罗振宇。罗辑思维包括微信公众订阅号、知识类脱口秀视频节目《罗辑思维》、知识服务 App"得到 App"。

间地方够大，可以选择购买背景支架；如果你的空间比较局促，你可以选择将背景布用夹子直接夹在窗帘上，随时可以拆卸而且成本极低。

背景布的售价大概在 30 元左右，为了便于不同风格场景的切换，一般可以准备 3 张不同风格的背景布备用，差不多 100 元左右就够了。

基础版配置可以基本满足你的短视频拍摄要求了，基础版配置的详细清单如下：

表 7-1　基础版拍摄配置清单

| 项　　目 | 预估价格 |
|---|---|
| 美颜灯 | 300 元 |
| 轮廓灯 | 50 元 |
| 手机支架 | 50 元 |
| 蓝牙控制器 | 20 元 |
| 主播椅 | 300 元 |
| 背景布 | 100 元 |
| 合　计 | 820 元 |

### 7.1.3 专业版拍摄配置

当你短视频制作的频率增加且稳定了，想提升拍摄设备，从而让受众有一个更好的视觉体验效果，同时更突出自己的专业性时，可以考虑采购专业版拍摄配置了。

专业版的拍摄配置，通常需要一个宽 3 米、长 3 米的空间；在这个空间里，须具备以下

8 个设备和条件：主灯、辅灯、轮廓灯、氛围灯、手机、手机架、主播位和背景墙。

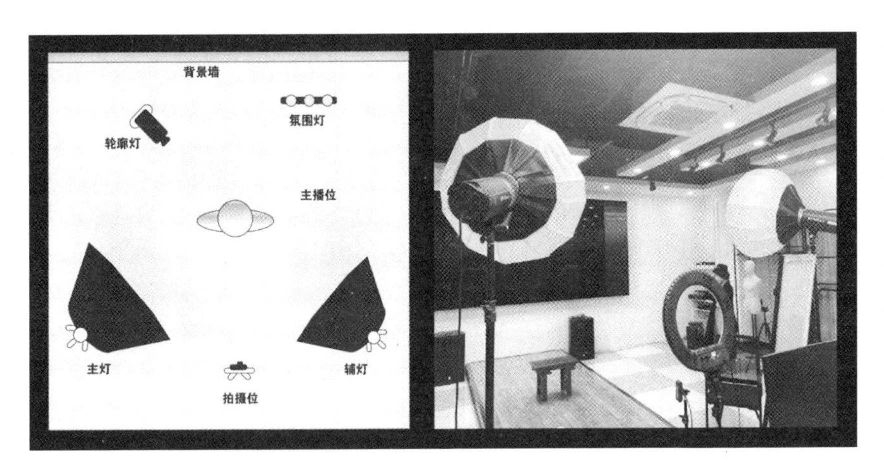


图 7-8　专业版拍摄配置图示与实景

笔者在做培训时，一些学员看到这些设备的展示后，第一个反应就是会“哇”地一声，然后问：“这么复杂啊？”笔者微笑着对他说：当你粉丝过万，想更加精进的时候，才会用到这个专业版配置；如果你处于短视频制作的起步阶段，更推荐你采用基础版配置，否则短视频拍摄的起步阶段就采购这样专业的配置，不但占地方，而且会把精力分散到设备调试中，从而影响并降低拍摄短视频的热情。

我们来看下灯光布置。因室内拍摄时，光线不足，所以灯光很重要。在专业版拍摄配置中，有四种灯光，分别是：主灯、辅灯、轮廓灯和氛围灯，它们各自发挥什么作用呢？

主灯光源，也就是整个画面的主光源，一般从主播位侧面 45 度，由上往下打，它是我们画面中强度最高的一道光源。

辅灯的光线强度要稍弱于主灯，位于主灯的另一侧，同样以 45 度角打过来。它的主要作用，是为了补充主灯照不到的人物的暗面，如果没有辅灯，人物在镜头里面就会显示“阴阳脸”的状态——一半脸亮，一半脸暗，这可是恐怖片最常用的打光手法。当然，如果你本身就是想拍恐怖片或者神秘类主题的短视频，那就可以只打主灯，不用辅灯。

主灯和辅灯配合打光，会让整个画面明亮，同时，因为两个灯光的亮度和角度的差别，从而产生了更细腻的层次感。

轮廓灯在基础版中已做介绍。氛围灯作为灯光中的最后一个，并不是必需的，它会起到点缀的作用，当你觉得画面灯光颜色太过单一，可以在背景中增加一个氛围灯来点缀画面。

主灯、辅灯、轮廓灯和氛围灯，这样一套灯光设备的购置价格差不多在 2500 元左右。

背景布在基础版中已做详细介绍，不再赘述。在专业版配置中，有一个看不到的设备，那就是录音设备。如果短视频内容对于声音要求不高，那么手机话筒的录制效果就够了，但如果想要收音效果更好的话，就必须再配置一个声卡套装，包括声卡和话筒两个设备。

一方面，声卡套装可以让你的短视频录音效果更好；另一方面，声卡套装还提供了一些声音特效，比如笑声和鼓掌声等，当你后期制作短视频的时候，这些音效会非常有利于渲染气氛。比如，你在直播中即兴发挥讲了一个段子，最后在抖出包袱的那一刻，你可以通过声卡制造一阵欢笑声，类似于以前的“电视情景剧”效果，直播间的气氛会很容易被带动起来，观众的情绪也一定程度地会被感染。

声卡套装性价比较高的几个品牌有：客所思、得胜、十盏灯等，费用在 500 元左右。

专业版短视频拍摄配置的详细清单如下：

表 7-2　专业版拍摄配置清单

| 项　　目 | 预估价格 |
|---|---|
| 主灯、辅灯、轮廓灯、氛围灯 | 2500 元 |
| 手机支架 | 50 元 |
| 蓝牙控制器 | 20 元 |
| 主播椅 | 300 元 |
| 背景布 | 100 元 |
| 声卡套装 | 500 元 |
| 合　计 | 3470 元 |

当你第一次尝试制作短视频时，建议使用简易版配置快速拍摄。当你决定要正式开始制作短视频时，建议采购基础版配置。当你想做得更专业时，就可以采购专业版配置了。这三个版本的拍摄配置仅供你做参考，你可以按照三个版本的配置逐步提升。如果你已经决心不做到百万粉丝誓不罢休的时候，你也可以直接购买专业版配置。

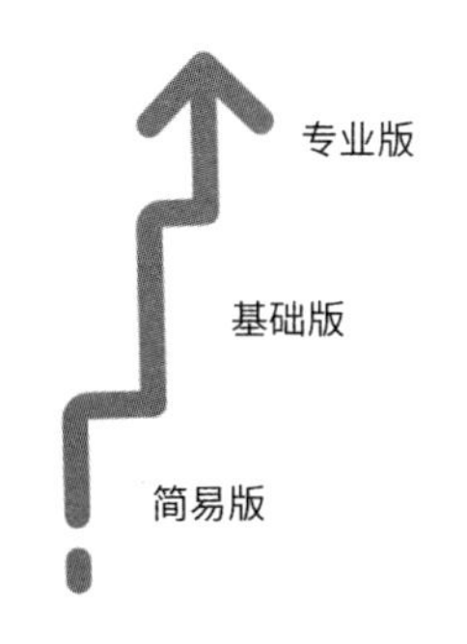


图 7-9　三类拍摄设备的配置关系

# 7.2 室外拍摄

除了室内拍摄外，还有一种常见的拍摄手法就是室外拍摄了。在室外拍摄，省去了主播椅、背景布和手机支架，但在灯光、收音和拍摄设备上，室外拍摄和室内拍摄相比，有以下区别。

第一，室外的光线比较好，一般不需要灯光，就算需要补光，使用补光板反射自然光就可以了。通常一个补光板购买价格在 50 元左右。

第二，室外的环境一般比较嘈杂，而且可能有风噪[1]，所以在现场的收音效果都不太理想，建议后期在室内补录声音，然后加工合成。

第三，室外经常需要移动拍摄，如果采用手持手机直接拍摄，很难保持画面的稳定，导致观众体验较差，感觉拍摄不专业。所以需要再准备一个手机稳定器，它可以帮助你在拍摄的时候稳定角度，哪怕是边走边拍，也不会出现画面抖动的情况，而且随着技术的更新，这些云台还增加了自动旋转角度和自动追踪目标等功能，大大降低了拍摄的技术要求。这样一个稳定器购买价格大致在 500 元左右。

室外拍摄详细清单如下：

---

1 风噪：指因为刮风带来的噪音。

表 7-3　室外拍摄所需设备清单

| 项　目 | 预估价格 |
| --- | --- |
| 补光板 | 50 元 |
| 手机稳定器 | 500 元 |
| 合　计 | 550 元 |

## 7.3 五镜头拍摄法

准备好了拍摄设备后，接下来就要开始拍摄了。拍摄很难吗？单击手机上的“录像”，然后单击开始不就好了吗？通过以下案例，你就能清晰了解拍摄手法了。

比如，Camilla 的短视频主题是“玩手机的少年”，其中需要拍摄一个人坐在室外玩手机，大多数人拍出来的画面如下图所示。

图 7-10　普通人拍摄的“一个人在玩手机”

你可能会觉得："这感觉并没有错啊，人也拍到了，手机也拍到了，也反映了'一个人在玩手机'的主旨。"很多没有拍摄经验的人通常都会用这种"一镜到底"[1]的拍摄方式来拍视频。如果你只是日常用来记录生活留给自己看，用这种方式是完全没问题的，但是如果想要用你的视频生动地讲述故事，吸引观众喜欢你，那这样做就显然不够了，你需要学会用镜头语言来表达才行。

镜头语言，就是利用镜头，像用语言一样去表达主题。拍摄短视频，其实就像在讲故事，只是这个故事是通过主播的镜头语言来表达出来，所以，在拍摄视频的时候一定要学会从用户的视角和心理出发，用镜头说话，才能打动观众。

那么"一个人在玩手机"，用镜头语言怎么拍摄呢？这里我们就可以用到"五镜头拍摄法"了。五镜头拍摄法指的是一个场景，可以采用人物远景、人物近景、人物全貌（全景）、特写和第一人称视角这五个分镜头来拍摄。"一个人在玩手机"使用五镜头拍摄法的分解图如下。

第一个镜头，我们先拍人物玩手机的侧面特写，这时候，观众就会想：诶……这个人是谁呢？接着，我们就在下一个镜头立刻满足观

---

1　一镜到底，是指拍摄中没有"cut"的情况，运用一定技巧将作品一次性拍摄完成。其中经典作品如希区柯克的《夺魂索》，史诗级作品如《俄罗斯方舟》。

图 7-11 “一个人在玩手机”使用五镜头拍摄法的分解图

众的好奇心，给被拍摄人物一个近景，让观众看到人物的脸和表情。然后，我们再给被拍摄人物一个全景，观众可以看到人物的全貌、全景。这个时候，观众可能又会想了：这个人玩得那么开心，在玩什么呢？好，接下来我们需要继续满足观众的好奇心，把镜头切换到人物的第一人称视角，让观众看到细节，哦，原来他在玩“王者荣耀”。最后我们再切一个远景，让观众知道人物大概所处的环境。这样，一个拍摄过程就完整结束了。

从以上案例我们可以看到，即便是一个人静态地坐着玩手机这么一个看似无聊的画面，你也可以运用五镜头拍摄法的镜头语言，让拍摄内容尽量生动地表达出来。我们希望通过这样一个例子，能帮你建立一个拍摄思路，让你以后在拍摄短视频的过程中，能从观众视角出发，用镜头语言讲故事。

本章节主要介绍了快速上手拍摄短视频的方法，提供了室内拍摄的三种配置：简易版、基础版和专业版，同时也介绍了室外拍摄的硬件配置，最后还讲解了怎样运用“五镜头拍摄法”和观众对话。快速上手短视频拍摄后，在下一章节中，我们将对短视频的后期剪辑进行简单的介绍。

# 短视频的后期制作

## 8.1 如何纠正短视频拍摄失误

在短视频的拍摄过程中，假设一个案例需要时长 30 秒才能讲解完毕，如果在拍摄过程中，一个字讲错了，怎么办？一般情况下，新手会选择再拍一次，如果某个表情不满意怎么办？再拍一次，如此循环往复，直到这 30 秒的视频一个字不差，表情和动作全部到位，才会罢休。这样做，这一段 30 秒的视频需要拍多久呢？至少需要 1 个小时。而高手会怎么做呢？不用把整个视频都重新拍一遍，把说错的那句话重新拍一遍，然后再通过软件进行后期剪辑，将不满意的那段话替换就可以了。

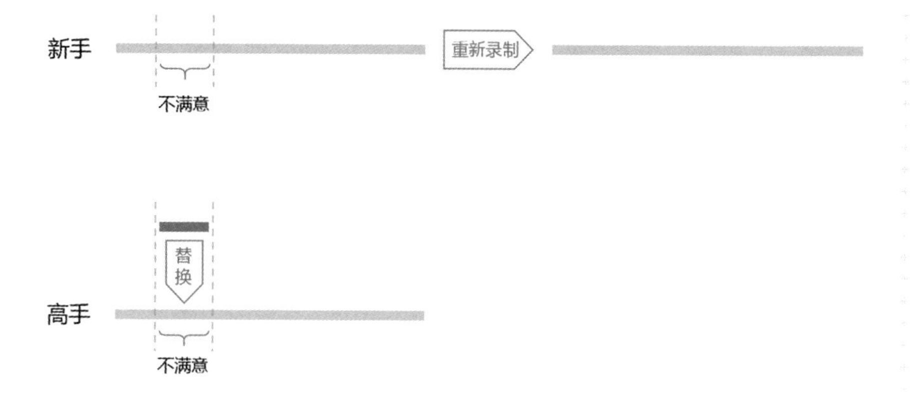


图 8-1　短视频片段不满意时，新手和高手的区别

# 8.2 短视频后期制作的软件选择

短视频的后期制作除了可以剪辑替换部分内容外，还可以调色、添加特效和设置字幕等，有非常多的功能。所以，对短视频进行后期制作是必不可少的。

使用手机拍摄好视频之后，将会得到一个视频文件，那么这个视频文件该如何进行后期制作呢？根据不同人的习惯，有些人会将视频文件导出到自己的电脑中用 Windows 进行处理，有些人会将视频文件导出到自己的苹果电脑中进行处理，当然也可以直接在手机中进行剪辑。

而在以上三种设备中都有大量各色的视频剪辑软件可供使用，对于新手来说很难选择。笔者根据以往的经验，从众多剪辑软件中筛选出三款综合表现最好的软件。在 Windows 电脑中，笔者推荐的软件是 Adobe Premiere（简称 PR），它的功能非常强大，很多影视大片都是用它做后期制作的，不足之处就是对电脑配置的要求会更高一些。在苹果电脑中，笔者推荐的软件是 iMovie，相比 PR，它更容易上手，功能也相当齐全，不足之处是，目前只支持在 Mac 系统下使用，是专为 MacOS 平台设计的视频剪辑软件。在手机端，笔者推荐的软件是“剪映”，剪映是笔者使用过的手机端软件中体验比较好的，也是最容易上手的手机端剪辑软件了，不足之处是，对于习惯在电脑端操作软件的人来说，在手机上操作剪辑实在是有些费眼力。

表 8-1　视频剪辑软件比较

| 剪辑软件推荐 | 推荐理由 | 不　　足 |
| --- | --- | --- |
| Pc 端：Adobe Premiere | 功能强大，笔者作品皆是出自 PR | 对电脑配置要求相对高 |
| Mac 端：iMovie | 界面友好，易上手，适合软件小白 | 目前只支持 Mac 系统 |
| 手机端：剪映 | 移动端体验相对较好的软件 | 相比电脑端，手机更费眼力 |

针对以上列举的这三款软件，笔者都有自己的一套教学课程，并且是垂直于短视频领域的。笔者曾试图把软件操作课程的基础部分放在本书中展示，但尝试过后发现，这种操作类的教学很难通过静态的纸质书本来表达清楚，因此只能放弃了这个方案。对课程感兴趣的读者，可以关注笔者的微信公众号学习相关课程。

最后再介绍一下在短视频平台上，我们应该剪辑输出什么样的短视频尺寸规格，才能符合短视频平台的要求。

# 8.3 视频的画面设置

在开始所有的后期制作设置之前，首先需要确定短视频的画面设置，短视频的画面类型最常见的设置有竖版和横版。

图 8-2 竖版和横版的短视频画面

竖版和横版视频作为最常见的两种短视频画面类型，各有什么优缺点呢?

对于用户来说，在观看短视频时大都是竖着拿手机的，所以竖版视频展示的画面范围更大，基本能铺满整个手机屏幕，尤其是拍摄人物的时候，可以很好地把整个人都展示在画面里，给观众以沉浸式的体验。

横版视频，整体的画面展示范围会变小，但横向展示比例更大，当有较大横向跨度的展示需求时，例如李子柒在山中拍摄与奶奶一起制作美食的场景，需要展示人和景的互动，那么采用横版效果会更好。

另外，横版短视频在播放时，上下都会留有空白区域，主播可以在这些空白处展示短视频标题，从而通过统一的设计来确保账号封面视觉的一致性[1]。

---

1 视觉的一致性，指每一个短视频的展示样式都保持统一风格。

图 8-3　利用横版短视频空白区域确保短视频封面视觉的一致性

对于横版视频来说，还存在一个误区，那就是“横着拍竖着放”，这样的短视频会导致观众在看短视频时，需要将手机横置，这打破了观众原有的习惯，无论是平台还是观众，都不会欢迎这样展示的短视频。

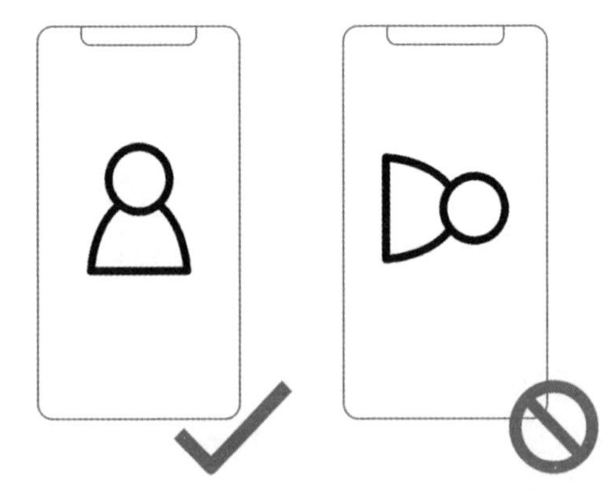

图 8-4　“横着拍竖着放”的短视频示例

究竟是选择竖版的画面设置，还是横版的画面设置，没有固定的要求，主播可以根据自己的需求来确定，但是确定之后，就不要轻易去改变，不然主播展示的视频一会儿横版一会儿竖版，当观众打开主播的账号主页时，会觉得非常混乱，不利于账号视觉一致性形象的打造。

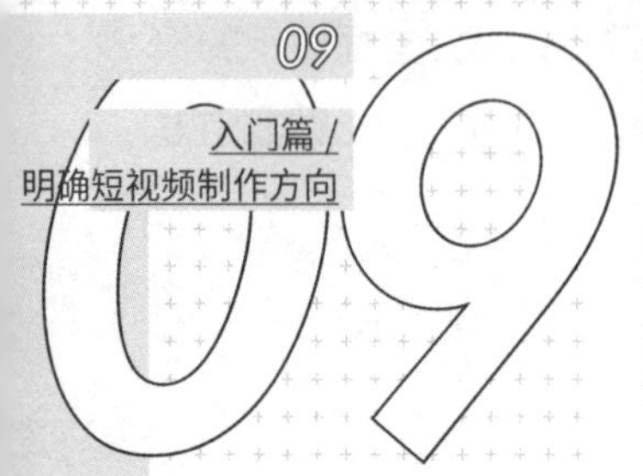

# 悟道：一切技能都是冰冷的数据，唯有人设充满温度

一位长者曾经和笔者说过：“如果你能解释为什么会喜欢一个人，那么这不是爱情。真正的爱情没有原因，你爱他（她），不知道为什么。情不知所起，一往情深。爱不知所因，故念念不忘。”

这句话，笔者曾一度认为完全是违背逻辑的——没有可以描述的原因，怎么会有爱情呢？这句话让凡事都喜欢问为什么、喜欢究其原因、寻求事物底层逻辑的笔者心存疑惑。但现在，笔者突然顿悟了。

Owen 因为 Lacy 身材好，所以才爱她。如果 Lacy 容颜老去，这份爱情是否就会消失？

Owen 因为 Lacy 学识高，饱读诗书，出口成章，所以爱她。如果某一天有个更加才华横溢的少女出现，这份爱情是否就会转移？

Owen 因为 Lacy 家里有钱，所以爱她。如果某一天 Owen 自己开创了一番事业，所赚的钱超过了 Lacy，这份爱情是否就此终止？

……

当爱情的原因是可以被描述的一项技能或是状态时，那么必定可以通过量化这项技能的数据，来对原因进行比较。比如，Lacy 身材好，三围是 89、61、94，腰臀比是 0.65；Lacy 学识高，拥有金融学的学士学位和经济学的硕士学位；Lacy 家有钱，总资产达到 13.5 亿……

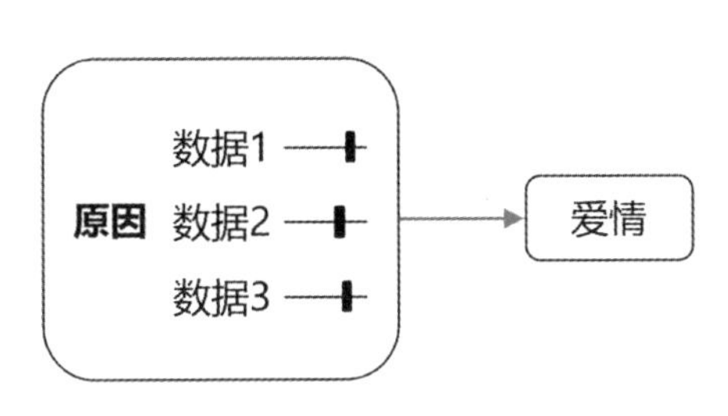


图 9-1　爱情的原因可以被数据量化

如果爱情的原因被描述成技能或是状态，从而变成了冷冰冰的数据被量化，那么随着时间的推移，这些数据总会有变弱的那一天；随着空间的放大，和他人去对比，这些数据总能找到对手，也就是说，这些数据必定会输给时间和空间。

Lacy 身材好，根据研究数据显示，在 10 年后，她的腰臀比会上升到 0.8。

Lacy 学识高，但是在中国还有上百万人拥有博士学位。

Lacy 家有钱，可在上海，还有更多的富豪有数十亿的资产。

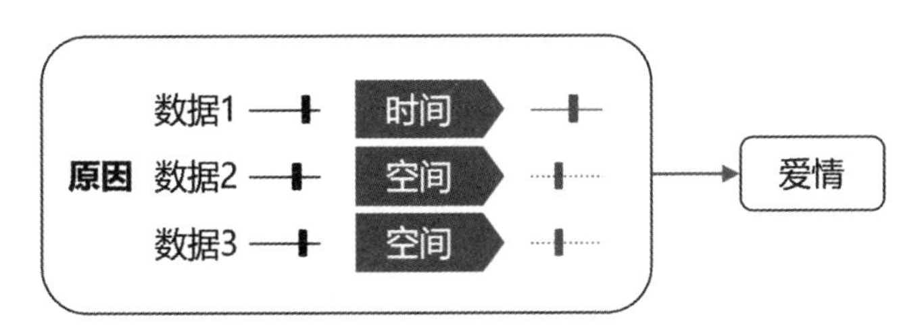


图 9-2　被数据化的爱情原因会输给时间和空间

技能或状态，是会发生改变的，如果把某个或者多个技能状态作为爱情的原因，那是不是当这些技能或状态发生改变，爱情就会发生改变呢？

那位长者说的那句话，笔者慢慢开始领悟到其中的奥义了。

在短视频中，粉丝对主播的喜爱亦是如此。有些主播颜值高，走在路上回头率百分之百；有些主播口才好，脱稿能聊 5 小时；有的主播舞技强，能连着做 10 个空翻……这些可以被描述的原因，可以被量化的数据，必定会输给时间和空间。按照逻辑来说，他们的粉丝数量应该会逐步下降，粉丝黏性应该会慢慢变低才是，可为什么很多大主播的粉丝数量和黏性都越来越好呢？是因为他们的专业越来越强了吗？好像不是，更多的情况是，粉丝觉得自己和主播“爱豆”越来越熟悉了，爱豆离自己越来越近了，看到他（她）就是喜欢，越看越喜欢。人不是几个技能和状态叠加的产物，更不是由各项冷冰冰的数据堆砌而成的，人是有温度的情感动物。

很多主播都在技能上孜孜不倦寻求突破，比如颜值主播只专注自己的妆容，美食达人只钻研自己的菜品，舞蹈红人只关注自己的舞技……他们都执着于技能本身，但忽视了人设的打造。殊不知，却错失了 IP 对主播的“加持”。数据的高低都是经过量化比较的结果，永远无法战胜时间和空间。而 IP 是主播个人的品牌，品牌的价值是很难明确量化的，因为它代表的是主播这个人，人是独一无二的，也是充满温度的。如果主播在吸收、提高技能的基础上，不断地对外输出人设，比如，保持真诚走心的内容输出，用正能量来影响观众，对粉丝给予无条件的关爱，等等，那么观众将会慢慢地感受到主播独一无二的魅力和温度，被主播吸引，主播也会源源不断地收到充满温度的回馈。

# 进阶篇／爆款短视频创作

在本章节中，你可以根据独家的“爆款短视频汽车模型”——定位、选题、人设、平台，以及记忆点来打造自己的爆款短视频。

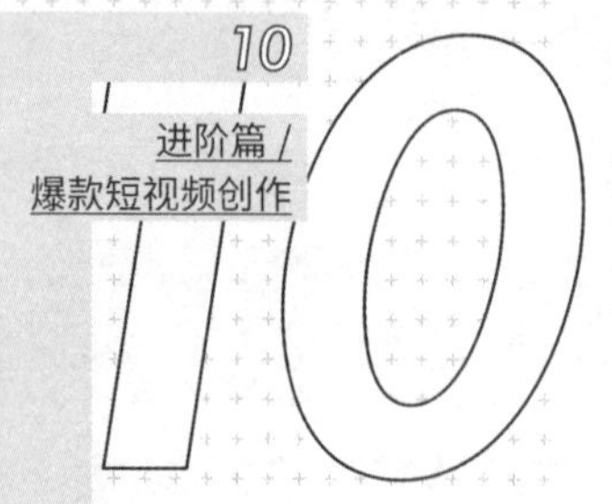

# 爆款短视频汽车模型

通过入门篇中的“短视频制作方向选择模型”，相信你已经明确了自己的短视频制作方向。在本章节中，将介绍可以让你的短视频成为爆款的方法。

在刷抖音的时候，我们经常会刷到一些爆款视频，其中有一些视频你会觉得火得莫名其妙。他们可能没有吸引人的特效，也没有打动人的情节，但是他们的点击量就是破百万甚至是破千万，火得让你直呼匪夷所思。

但其实每一个爆款视频都不是那么简单的，在那些短视频大V心里，“爆款短视频汽车模型”中的每一个细节，他们都烂熟于心，或许他们没办法表达出来，但是这些一定都存在于他们的潜意识里。

“爆款短视频汽车模型”如图 10-1 所示。本书把每个短视频账号都比喻成一辆在前进的汽车，这辆车由四个部分组成：内容、人设、记忆点、平台。

内容，是短视频账号的核心，可以理解为汽车的油箱，它决定了你的车能开多远。

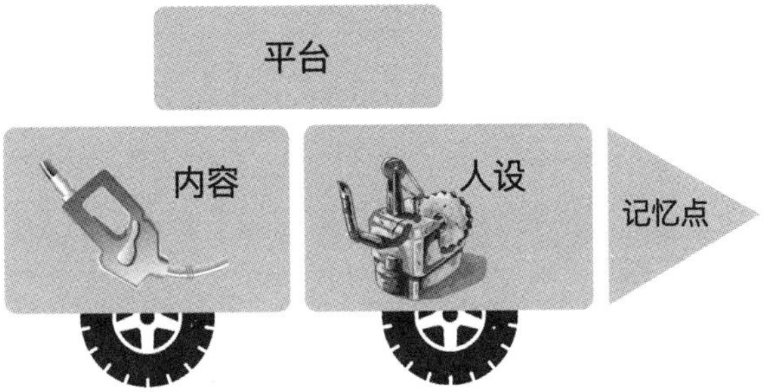

图 10-1　爆款短视频汽车模型

人设，可以理解为汽车的发动机，它决定了你的车能跑多快。人设是需要带动内容跑的，丢掉内容，就像发动机没有汽油，根本动不了。

记忆点，可以理解为车头，没有车头的话，阻力大，不过汽车也能开动，有的话，整车流线好，汽车会开得更快。

平台，也就是你的短视频的发布平台，比如抖音、快手。不同的平台有不同的生态，也有不同的规则，它会决定你的车型。

这辆车，决定了你在短视频领域能做多大，能走多远。绝大多数的短视频账号失败的原因，就是因为这辆车设计得不好，发动机出了故障，或者没油熄火了。

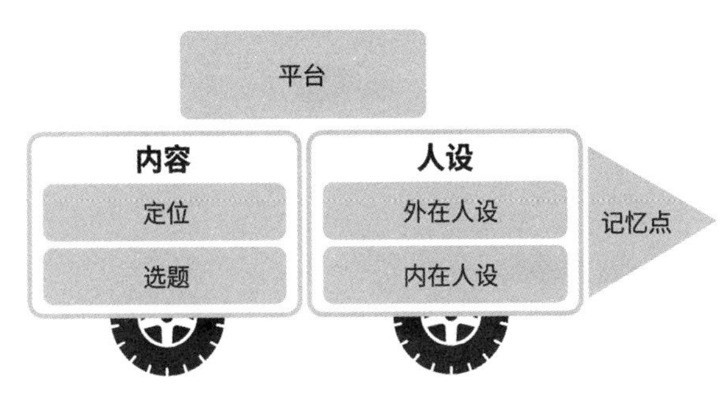


图 10-2　详细分解后的爆款短视频汽车模型

如果再详细分解，内容可以分为定位和选题，定位是指主播需要明确自身的定位，设计自己的发展路径；选题是确保每一个短视频都能够兼顾“好看”和“圈钱”。

人设可以分为内在人设和外在人设，内在人设是主播的三观，而外在人设是主播的身份、性格和形象。

在本进阶篇中，将会对爆款短视频汽车模型中的每个细节进行详细讲解，帮助你可以制作出爆款短视频。

# 定位：明确自身定位，设计发展路径

想要把“爆款短视频汽车模型”讲明白，就需要把这辆车进行拆解，内容部分可以拆解为“定位”和“选题”，本章节将会围绕“定位”来进行详细讲解。

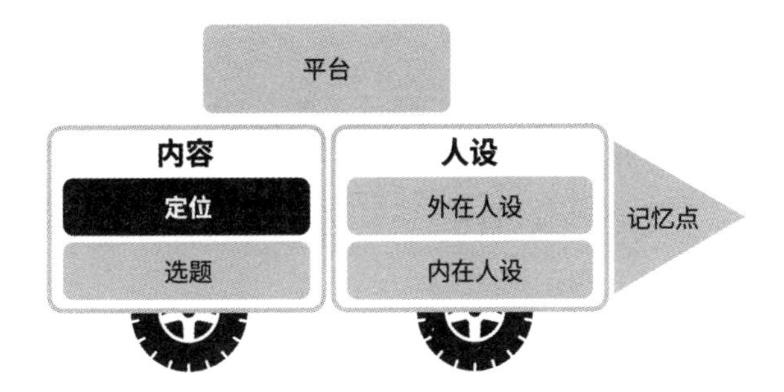


图 11-1 “定位”在“爆款短视频汽车模型”中的位置

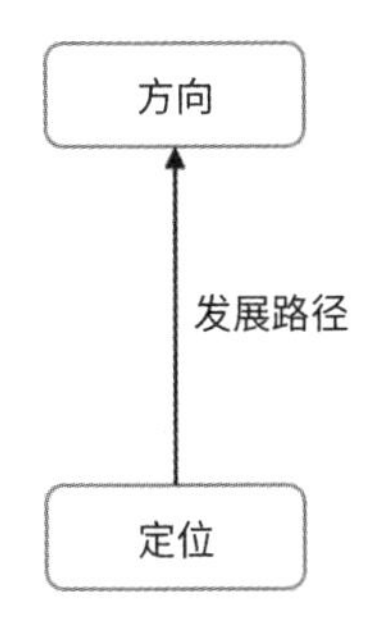


图 11-2 定位、方向和发展路径的关系

什么是定位？就是明确自己的位置。在入门篇中，主播们已经明确了自己短视频的制作方向是在哪里，加上自己的位置，才能明确规划出自己短视频账号的发展路径。

比如，Jessica 明确了自己的方向是做街访类的短视频，那么，接下来她的短视频每集内容分别要做什么呢？能不能发挥自己的优势呢？出完 10 期之后，还有内容可以出吗？这些问题都会在本章节内容中一一解答。

## 11.1 挖掘自身优势，精准定位人才类型

做短视频定位，也就是要确定自己的位置，说简单点，就是挖掘自己的优势。确定自己喜欢做什么，适合做什么，有什么内容可以输出，什么东西可以做得长久。

笔者在帮助学员做自身优势挖掘引导的时候，大多数人的思维都会很发散，不知道该从哪个维度来挖掘自身的优势。有的说“我擅长管理”，有的说“我擅长激励员工”，有的说“我擅于将目标拆解为行动计划”，有的说“我

擅长制定战略目标”，更有一个学员说“我擅长花钱”。

这样漫无维度地挖掘，根本无法提炼出自己在短视频制作以及后期发展方面的自身优势，所以很多学员就会反复阅读、思考本书前面介绍的“短视频 12 大类型”，想从中找到切入点。

其实，短视频 12 大类型并不对等于 12 种优势的人，这其中有能力的重叠，主播们还可以进一步提炼。综合考察短视频 12 大类型头部的达人，我们总结出四类人才构成：戏精型、口才型、编剧型、文案型。

接下来我们将分别进行详细讲解，同时需要你边学边思考：“我是属于这四类人才中的哪一种呢？或者是哪几种呢？”这样就能快速地挖掘出自身优势，进行精准定位了。

### 11.1.1 戏精型

“戏精型”的人在生活中随处可见，这类人非常善于表现自己，肢体语言很丰富，不管说什么、做什么，都是绘声绘色的，从来都不“端着”，也没有偶像包袱。举个例子：

Kelley 和三个同事一起去饭店吃饭，点了一些家常菜之后，每人又点了一杯椰奶，Kelley 把椰奶喝完后，感觉底部有点儿渣，就和同事说了，同事说：“椰奶都是这样的，没事。”Kelley 不信，看了下保质期，竟然这瓶椰奶已经超过保质期 1 个月了！他马上示意同事叫服务员过来，服务员了解情况后，表示过期 1 个月不会有什么影响，过期 3 个月的饮料自己都喝过也不见有事，不用在意。说完正准备离开，这时候，只见 Kelley 一手捧着肚子，一手扶着桌子，一脸痛苦的表情，有气无力地说道：“我不行了，椰奶喝坏肚子了……”说完又嚎了两声。他这一出儿，迅速吸引了店里所有食客的目光。服务员连忙叫经理过来，经理核实后，马上把他们这顿饭给免单了。走出饭馆，Kelley 立刻恢复了之前活蹦乱跳的状态，笑嘻嘻地对三个同事说：“你要不会来点事儿，人家拿你当软柿子捏呢！”

Kelley 就是一个典型的戏精型的人。这类人在现实生活中可能会有一些争议，但在短视频领域优势明显，因为他们可以收放自如且具有感染力地做出自我表达，这种能力会让他们迅速吸引观众的注意并收获粉丝。你可以在抖音中搜索“狠人大乌鸡”，这位主播就是一个典型的戏精型人才，他的短视频表演得都非常自然，演技游刃有余，让人看完后大呼过瘾，如果不是有短视频平台供他发挥，这样的人或许就被埋没在人群中了。戏精型的人才适合对镜演绎、剧情演绎类短视频。有一些颜值较高的主播，走颜值路线一直难以突破，后来放下偶像包袱走了戏精路线，反而收获了不错的效果。

### 11.1.2 口才型

如果说戏精型的人才擅长表现，那口才型的人就是擅长表达了。口才型的人说话特别绘声绘色、抑扬顿挫，在情绪和气势上就特别容易感染人，即便讲的东西没什么实质性的内容，但是一样能做到带动观众的情绪。身边这样的人很容易遇见，他们的特点就是，每次与人意见相左或者交流沟通时，他们往往是说话最多而且胜率最高的那个。你可以在抖音中搜索“阿闯”，这位主播就是一个典型的“口才型”

人才，语言表达非常流畅自然，同样一个段子，他来说就会比别人有说服力且具感染力，观众也会更喜欢看。口才型的人才适合口才类、解说类、知识咨询类、教育教学类、种草类等短视频类型。

### 11.1.3 编剧型

编剧型的人才，这类人可能没那么擅长表现和表达自己，但是他们非常善于策划内容，擅长抓住用户的心理和情绪，不管写小说还是影视剧本，总能想出别人意想不到的“脑洞”剧情，这类人在短视频领域也是非常稀缺的人才。你可以在抖音中搜索“朱一旦”，通过研究他的视频你会发现，其中演员的演技并不是特别老练，有些群演甚至有点出戏，但是高质量的剧本基本掩盖了这些不足，每一集都在讽刺一种社会现象，加上视频结尾经常会加入出其不意的反转情节，让人看了意犹未尽。编剧型的人才适合做剧情类视频的编剧和策划。

### 11.1.4 文案型

文案型的人才，他们可能语言表现力一般，甚至不擅表达，说话时可能还会卡壳儿，但是他们的思维逻辑清晰，文字表达功底好，擅于总结和抓住重点，表达观点有理有据。你可以在抖音中搜索“林纸巾”，他的视频形式虽然是对镜解说，但他是一个典型的文案型人才。文案型人才如果不愿意真人出镜的话，做旁白也可以做到震撼人心。文案型的人才，做生活记录类的 Vlog 短视频极具优势。

以上我们详细讲解了这四种人才类型，如果再结合基础篇中介绍的短视频 12 大类型，你仔细分析研究这 12 大类型里的各种视频，就会发现，其实这些视频主播基本上就是由这四种人才构成的。

当明确了自己属于什么类型的人才之后，你就已经完成了挖掘自身优势并且自我精准定位了，接下来要做的就是，设计自己的发展路径。

短视频的本质就是信息内容的传达，而信息内容的传达无外乎两种方式，一种是肢体表演，另一种是语言表达。

戏精型或者编剧型的人，适合用演绎的方式来表达短视频内容，对抖音中这类视频的头部大号进行分析，结果表明，戏精型的人其实可以弥补编剧能力的不足，编剧同样可以弥补演技的不足。当然，如果两个能力兼备，那你的成功概率会更大。

口才型或者文案型的人，适合用语言方式来表达短视频内容，如果不愿意出镜，只要你的文案够好，做旁白也一样可以发挥优势。口才型和文案型的人才也是可以能力互补的，如果两者兼备，那么成功概率会更大。

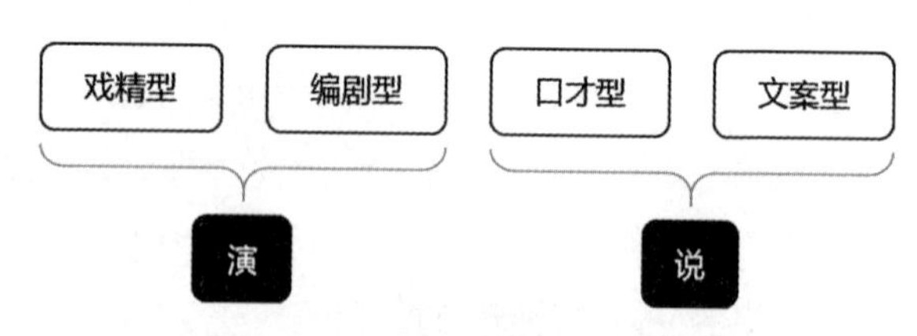


图 11-3　四种人才类型适合的表达方式

如果你想要制作短视频，最好拥有以上四种能力中的其中一种，或者多种，这会让你更容易脱颖而出。

如果你还不具备以上这四种能力，那笔者建议你选择一个和你比较接近的类型去深入学习，方向可以参考以下思路：如果你性格偏外向，可以试着往戏精型、口才型方向发展；如果你性格偏内向，可以试着往编剧型、文案型方向发展。

## 11.2 三维度拟订初步发展路径

当明确了自身优势，知道自己属于哪一种人才类型之后，接下来就可以结合自己已有的技能和资源，来制作一张初步的“短视频发展路径表”。为什么说是“初步”的呢？因为在后期，还需要不断打磨，最终形成高成功率的发展路径。

表 11-1　初步的“短视频发展路径表”案例

| 人才类型 | | 短视频发展路径 |
|---|---|---|
| 戏精型 | 传达方式：演 | 通过丰富的表演方式，传授甜品制作方法 |
| | 技能：会做甜品 | |
| | 资源：/ | |
| 口才型 | 传达方式：说 | 通过对镜解说的方式，传授服装穿搭技巧 |
| | 技能：会穿搭 | |
| | 资源：有非常优质的服装货源 | |
| 编剧型 | 传达方式：演 | 通过设计巧妙的剧情设计，展示和宝宝相处的温情故事 |
| | 技能：懂育儿知识 | |
| | 资源：家有 2 岁宝宝 | |
| 文案型 | 传达方式：说 | 通过旁白结合画面，讲述自己旅行的心路历程 |
| | 技能：/ | |
| | 资源：资深驴友，每个月旅游一次 | |

如上表所示，如果 Lewis 是一个戏精型的人才，那么适合 Lewis 的信息传达方式是“演”。Lewis 的技能是会做甜品，而她并没有什么资源，那么她的短视频发展路径就可以是：通过丰富的表演方式，传授甜品制作方法。

如果 Monica 是一个口才型的人才，那么适合 Monica 的信息传达方式是“说”。Monica 的技能是会穿搭，并且她有非常优质的服装货源，那么她的短视频发展路径就可以是：通过对镜解说的方式，传授服装穿搭技巧。

如果 Oliver 是一个编剧型的人才，那么适合 Oliver 的信息传达方式是“演”。Oliver 的技能是懂育儿知识，并且她有一个 2 岁的孩子，那么她的短视频发展路径就可以是：通过设计巧妙的剧情，展示和宝宝相处的温情故事。

如果 Parker 是一个文案型的人才，那么适合 Parker 的信息传达方式是“说”。Parker 没有什么技能，但是他是一个资深驴友，每个月旅行一次，那么他的短视频发展路径就可以是：通过旁白结合画面，讲述自己旅行的心路历程。

通过以上四个案例，你会发现，短视频的发展路径是由三个维度组成的，一是基于符合自己人才类型的传达方式，二是自己已有的技能，三是自己可以调取的资源。

**短视频初步发展路径 = 传达方式 + 技能 + 资源**

你可以将自己的人才类型、传达方式、技能和资源填入下表中，这样就能让你快速得出自己初步的发展路径了。

表 11-2　短视频初步发展路径表

| 人才类型 | | 短视频发展路径 |
|---|---|---|
| | 传达方式： | |
| | 技能： | |
| | 资源： | |

## 11.3 寻找大号借鉴，增加成功机会

当通过三个维度拟定初步发展路径之后，如何让它成为高成功率的发展路径呢？可能有人会想：当然是找业内大咖咨询。但是笔者的建议是：不要寻找大咖，而是寻找大咖的账号，通过浏览同领域大咖的账号，借鉴他们的经验和方法，然后再优化自己的发展路径。

为什么要这么做呢？举个例子：如果把抖音比作一座山峰，所有的主播都按照粉丝量来分布，那些头部的主播都在山顶，而作为新人的 Rose，现在正在山脚下，Rose 的目标是登到山顶，在 Rose 前面有两条路可选，

选项一：不管三七二十一往前冲，一定能登上山顶。

选项二：寻找已经登顶的大咖的脚印，跟着他们的脚印登顶。

Rose 当然会选择成功概率更高的后者了。因为这些大咖能做到业界头部，说明他们的发展路径是经过验证的，一定有值得主播们借鉴的地方，这样就比自己从 0 去摸索，要少走很多弯路。

而且，不管主播做的是什么方向或领域，只要不是那种极为冷门的类目，在抖音里，一定都能找到相对的头部大号。在借鉴的基础上，主播再融入自己的特点，做优化和创新，这是快速获得成功最有效的一种方法。当然，如果你在某个领域找不到大号，是不是就说明这个领域别人还没有发现，目前还没有竞争，你就可以一骑绝尘呢？抖音发展了多年，用户量超过 6 亿，各个领域都聚集了大量高手，竞争已经非常激烈，基本上不会存在某个领域的空白。如果你看中的某个领域没有大号，你首先不应该是高兴，而是应该冷静地想一想，是不是这个领域有什么问题，它的发展瓶颈在什么地方。

那么，如何找到值得借鉴的大号呢？笔者推荐使用一个数据运营网站：飞瓜数据[1]，在网站的“主播排行榜”菜单中，可以看到各个垂直类领域排名靠前的大号（见图 11-4）。笔者的抖音号在数据最好的阶段曾有幸出现在排行榜上，排到知识资讯类全国前 10。这也反映出，“主播排行榜”都是近期数据比较好的账号，而不是年代久远的老账号，这样对于主播来说，参考的价值才更大。

对于“主播排行榜”来说，有日榜、周榜和月榜，笔者推荐看“周榜”，因为月榜相对周期比较长，抖音是一个非常讲时效的平台，很多内



---

1　飞瓜数据，是一个短视频运营的数据网站。

图 11-4　飞瓜数据中心的“主播排行榜”

容迭代非常快，很可能 10 天前的东西，现在就已经行不通了，对主播们的借鉴意义并不大。而日榜只能反映一天的情况，有很多表现好的账号，可能正好这一天没有上传视频，所以没有上榜，因此上日榜的偶然性比较大。相比而言，周榜反映的情况就比较客观，而且时效性也有保障。

通过“主播排行榜”，就可以去找你感兴趣的领域内的大号了，比如你是做美妆的，那就可以选择“美妆”这个标签，你会看到这个领域排名靠前的账号。那么主播该选择哪几个呢？怎么选择呢？

主播们寻找大号的目的是分析他的成功路径，从而给自己的发展路径做参考。可以通过吸粉能力、变现能力和视频质量这三个指标来判断这些头部账号是否需要成为主播的借鉴对象。其中，变现能力可以拆分为“带货品类”和“近 1 个月直播收益”这两个指标，吸粉能力可以拆分为“近 5 个短视频点赞量”和“近 1 周粉丝增量”这两个指标，视频质量可以拆分为“视频类型”和“主观感受”这两个指标。

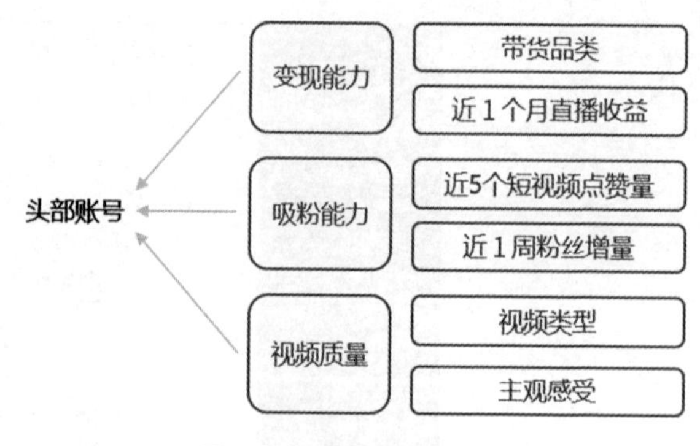


图 11-5　头部账号对比指标

为了能够提升主播的成功机会，所需要的调研样本量越大越好，笔者建议找 10 个账号。然后将找到的主播账号信息一一填写到表 11-3 中。在填写信息时，需要记录主播的账号名称和抖音号，这样方便以后复盘[1]的时候还能再找到他；其中“主观感受”是需要你自己进行一些主观判断，包括主播短视频特点、你可以借鉴的优势，以及可以优化的细节等。其他数据都可以从“主播排行榜”信息中获取到，这些数据能直接反映这个账号目前在抖音的发展情况，对主播们的发展路径来说，非常有参考价值。

比如，Todd 是个戏精型的人才，她想要做美食类的视频，所以她搜索了“美食类”的主播排行榜，从“美食类”头部主播里她选择了若干演绎类的账号，各类信息列入表格后如表 11-4 所示。

1　复盘：通常用于项目或活动结束后，对已经进行的项目进行回顾，对经验和教训进行总结。

表 11-3　头部账号对比表

| | 变现能力 | | 吸粉能力 | | 视频质量 | |
|---|---|---|---|---|---|---|
| 账号名称 | 带货品类 | 近 1 个月直播收益 | 近 5 个视频点赞 | 近 1 周粉丝增量 | 视频类型 | 主观感受 |
| 1 | | | | | | |
| 2 | | | | | | |
| 3 | | | | | | |
| 4 | | | | | | |
| 5 | | | | | | |
| 6 | | | | | | |
| 7 | | | | | | |
| 8 | | | | | | |
| 9 | | | | | | |
| 10 | | | | | | |

表 11-4　头部账号对比表案例

| | 变现能力 | | 吸粉能力 | | 视频质量 | |
|---|---|---|---|---|---|---|
| 账号名称 | 带货品类 | 近 1 个月直播收益（万元） | 近 5 个视频点赞 | 近 1 周粉丝增量 | 视频类型 | 主观感受 |
| 1. 抖音昵称（抖音号） | 零食、饮料 | 20 | 1357、4082、1.2 万、1.1 万、8306 | 1 万 | 对镜演绎，通过夸张的表演教授零食制作技巧 | 主播的服装很有特色，可以借鉴 |
| 2. 抖音昵称（抖音号） | 厨房用品、烹饪食材 | 3 | 1.8 万、7884、1.7 万、8131、1.8 万 | 2 万 | 对镜演绎，对各类食材做食品安全测评 | 主播的语速很快，节奏好，这是他视频的亮点，我本人是播音专业出身，这一点我可以做得更好 |
| 3. 抖音昵称（抖音号） | 厨房用品、烹饪食材 | 2 | 2.4 万、202 万、8 万、30 万、7.9 万 | 98 万 | 剧情演绎，剧情为古装女侠在厨房用功夫烹饪 | 主播视频转场非常炫，但后期剪辑比较难，我需要学习并提升这方面的能力 |
| …… | | | | | | |

掌握了这些数据后，需要先观察表格中列示的变现能力，再看吸粉能力，最后看视频点赞（即视频质量），因为变现的数据是一个账号最终成果的最有效标准，所以把这个数据排在第一优先级。如果这个主播没有直播记录，那么有可能他的变现方式不是直播带货或者打赏，可能是通过广告或者引流实现变现，这需要 Todd 根据自己的账号变现方式来判断确定，如果 Todd 本来就没有直播需求，那么只看吸粉和视频质量就可以了。

最后，对选出的这 10 个主播的数据进行综合评估，选出 3—5 个 Todd 认为最有价值的账号，然后就可以进入下一个环节，即发展路径的可行性分析。

## 11.4 发展路径的可行性分析

发展路径的可行性分析，包括对人员配置、场地配置、技术难度和内容可持续性这四个指标的分析。

人员配置，在这里主要指出镜人员的配置。比如在夫妻情景剧中，“夫、妻”这两个人就属

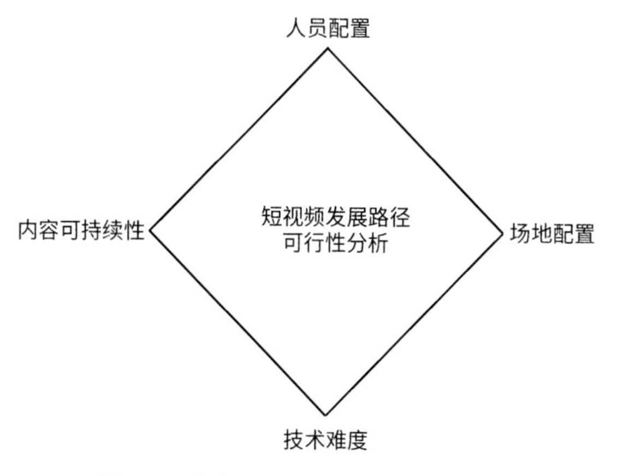


图 11-6 短视频发展路径可行性分析指标

于它的“人员配置”。如果找到了值得学习的优质账号，你首先需要明确的就是，能否匹配所需的人员配置，如果此项没问题，再考虑其他三项指标。

场地配置，在这里指的是短视频的拍摄场景。比如有些美妆视频，所需的拍摄场景是美妆店，如果你也要拍摄此类视频，那么你需要判断一下自己有没有这样的场地，如果没有的话，有没有其他的替代方案。选择原则是，你的场景最好优于你的学习对象。

技术难度，这里主要指视频的拍摄以及剪辑难度。参照你的学习对象，你需要评估自己能不能做到，甚至做到更好，如果不能，你需要评估花多大成本能习得这些技术，如果预估成本可以接受，那就去学习，不能接受，那最好果断放弃。

内容可持续性，是指短视频内容的可延续性。比如你找到一个优质的美食类账号做学习对象，他每周更新 3 集视频，每集教授一道家常菜做法，目前已经教授 100 道菜。但是你目前只会 10 道菜的做法。那么你就可以判断出，你的作品可延续性还远远达不到你的学习对象。如果你要做这类账号，要么制定学习计划补充技能，要么你就只能更新 10 集后停更结束。

做好这一系列的可行性分析后，你需要将上一步中的头部账号相关信息，填入表 11-5 中。

比如，在上一个案例中的 Todd 填写的“短视频发展路径可行性分析表”，如表 11-6 所示。

通过对以上这四个指标的评估，Todd 就可以比较全面地了解这些发展路径的可操作性了，只需要选择其中一个最适合自己的，接下来要做的事情就很明晰了：完善人员配置和场地配置，达到所需要的技术难度，并确保短视频内容的可持续性。

**发展路径=人员配置+场地配置+技术难度+内容可持续性**

假如 Todd 选择了表 11-6 中列示的第一类情况，那么其发展路径就是：人员配置已经够了，不需要找人；场地配置也已经具备，不需要再去寻找；对于技术难度来说，需要自己提升演技；对于内容可持续性来说，需要继续学习来充实后续的内容。

那么你的发展路径是怎么样的呢？请填入表11-7 中。

表 11-5　短视频发展路径可行性分析表

| 内容形式 | 人员配置 | 场地配置 | 技术难度 | 内容可持续性 |
| --- | --- | --- | --- | --- |
| 参照 1 的形式： | | | | |
| 参照 2 的形式： | | | | |
| 参照 3 的形式： | | | | |
| 参照 4 的形式： | | | | |
| 参照 5 的形式： | | | | |

表 11-6　短视频发展路径可行性分析表（Todd 填写）

| 内容形式 | 人员配置 | 场地配置 | 技术难度 | 内容可持续性 |
| --- | --- | --- | --- | --- |
| 参考账号“1”，对镜演绎，通过夸张的表演教授零食制作技巧 | 1 个人，<br>我自己上镜 | 参考账号是在家里拍的视频；<br>我有现成的店铺，场景会更有代入感，可以用起来 | 视频的主要难度是需要一定的演技，我生活中属于戏精型，可以挑战一下 | 每集视频讲一个小零食制作技巧，以我的知识储备，目前大概能讲 10 集，我需要继续学习来补齐后面内容 |
| 参考账号“2”，对镜演绎，对各类食材做食品安全测评 | 1 个人，<br>我自己上镜 | 参考账号是在家里拍的视频，一张桌子一面墙，场景比较简单；<br>我觉得我可以做得更好，我想搭建更精致的场景 | 视频的主要难度是主播丰富的专业知识和流畅的口播；<br>我本人播音专业出身，口播其实可以做得更好，专业知识方面，我计划报班学习 | 每集视频测评 10 款产品，目前我的产品资源不够，最多只能出 5 集；<br>要持续做的话，我需要找供应方 |
| 参考账号“3”，剧情演绎古装女侠在厨房用功夫烹饪 | 2 个人，<br>我想说服我先生陪我一起表演 | 参考账号是在厨房取景拍的，我家的厨房比她更大，效果应该更好 | 视频的主要难度在于后期剪辑，我目前剪辑能力一般，准备报班两周学会 | 每集演绎一个故事，我本身擅长编剧，手上有很多以前写的段子，都可以直接用上，拍 100 集没问题 |

表 11-7　短视频发展路径可行性分析表（待填写版）

| 人员配置 | 场地配置 | 技术难度 | 内容可持续性 |
| --- | --- | --- | --- |
| | | | |

本章内容的介绍，带领你通过挖掘自身优势，精准地定位出了你的人才类型；通过三维度分析，拟定初步的发展路径；通过“主播排行榜”的分析，找到与自己对标的头部大号；利用头部账号分析表，对比优选出 3—5 个最有参考价值的账号；最后，通过短视频发展路径可行性分析的四个指标，对主播账号内容进行可行性分析；最终，可以确定一个符合自身优势，并且成功概率较高的发展路径。

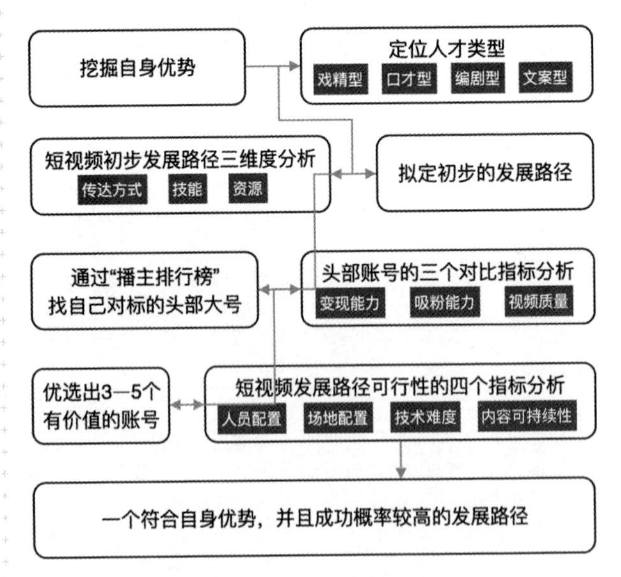


图 11-7　挖掘自身优势，设计发展路径的完整流程

需要强调的是，“短视频初步发展路径”、“头部账号对比表”和“短视频发展路径可行性分析表”这三张表格，并不是用完就丢弃的，需要根据自己不同的发展阶段，对表格中的数据和内容不断地更新、维护并重新分析，在短视频的发展过程中，它们能持续为主播们提供灵感。

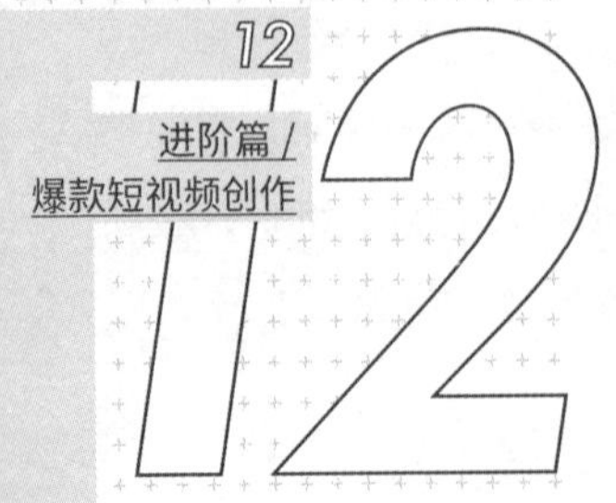

# 选题：兼顾“好看”和“圈钱”的选题

当完成了自身定位并设计完自己的发展路径之后，接下来就可以拍短视频了吗？好像还差一步，那就是，确定需要做主播内容的选题。本章节将会围绕“选题”进行详细讲解。

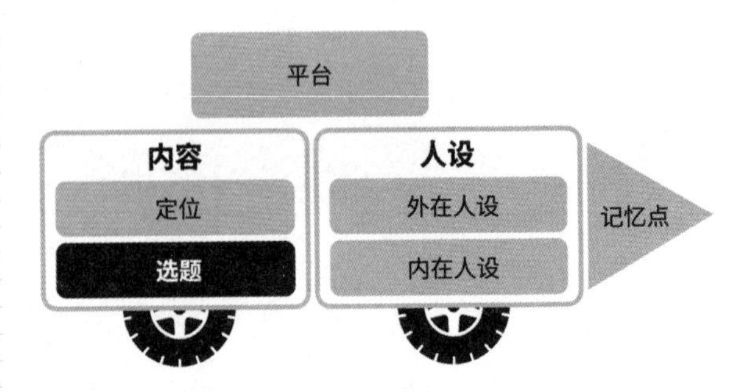


图 12-1 “选题”在“爆款短视频汽车模型”中的位置

在这里，有四个名词很容易混淆：“方向”“定位”“发展路径”“选题”，很多人分不清楚这四个概念的区别，但是在本书中，这四个概念是严格区分的。

“方向”是指自己未来要拍摄的短视频是属于“颜值类”“口才类”“解说类”等 12 大类型中的哪一类。通过对本书以上章节的解读，你应该已经在“短视频制作方向选择模型”中确定了自己的发展方向。

“定位”是自己的位置。通过对上一章节的解读，你应该已经确定了自己是“戏精型”、“口才型”、“边编剧型”或是“文案型”中的哪一个类型了。

“发展路径”是指自己接下来要做的事。包括“人员配置”、“场地配置”、“技术难度”和“内容可持续性”，通过上一章的分析，你应该已经确定了自己的发展路径。

“选题”是指在发展路径上的每一集短视频内容主题是什么，比如第一集主题是“形象可以毁掉你”，第二集的主题是“形象穿搭的十大误区”，等等。

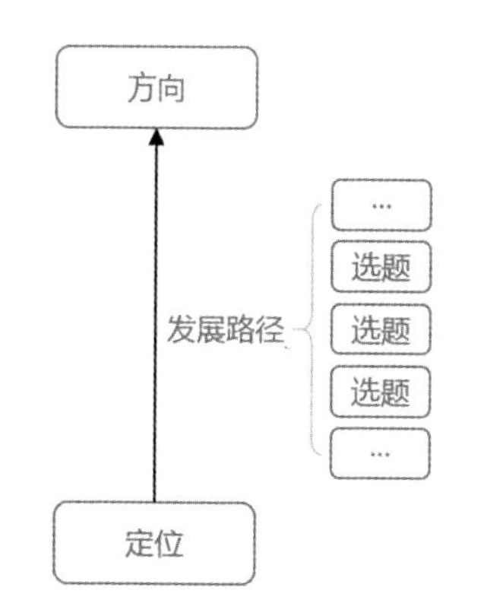


图 12-2 “定位”、“方向”、“发展路径”和“选题”之间的关系

关于“选题”，很多人都有过迷茫：“为什么我做的选题经常别人都不感兴趣？没人看也没人点赞呢？”究其原因，是绝大多数人在选题上陷入了思维误区。

# 12.1 短视频平台运作的底层逻辑

为了协助大家跳出思维误区，下文将简要分析一下短视频平台运作的底层逻辑。

短视频平台上，主要有主播、平台和观众这三个主要元素。主播输出内容，通过平台的筛选、过滤，最后分配到观众这个池子里，这个结构非常清晰。

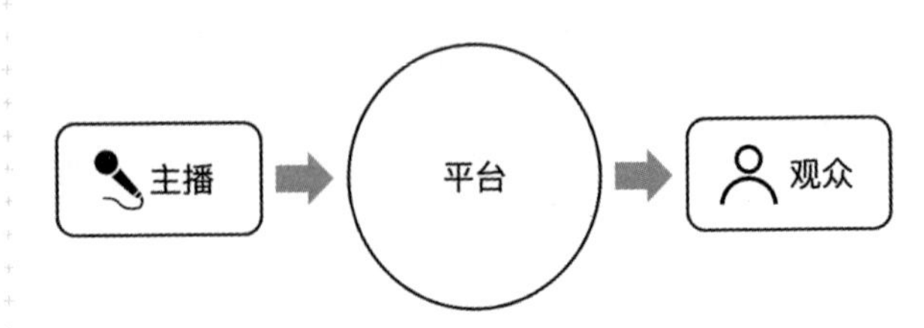


图 12-3　短视频平台的三个主要元素

那么，这三个主要元素的需求分别是什么呢？

主播的需求是：圈粉、销售、变现，

观众的需求是：娱乐、消遣，

平台的需求是：盈利。

如果想要维持长远的发展和持续的增长，平台就要保证能持续产出优质高效的内容，才能吸引更多的观众，观众多了，主播才会多，最终平台才能盈利。

现在回到“为什么我做的选题经常别人都不感兴趣？没人看也没人点赞”的这个问题上。观众需求的是“娱乐、消遣”，而主播根据自身的需求，提供的是与“圈粉、销售、变现”相关的内容，观众的需求没有被满足，当然就不感兴趣，不会浏览，更不会点赞了。

大多数主播通常都会陷入这个思维误区，没有去思考怎么迎合“观众”和“平台”的需求，只是一味地在“自嗨”，自娱自乐。比如在短视频里只是针对产品大肆叫卖：“我这个面膜特别好，不但补水效果好还美白，价格特别优惠，买一送一……”这样观众和平台是不会买账的。

那么，作为主播，在选题时，怎么兼顾观众和平台的需求，让自己的内容能够受到更多人的喜爱，同时又能够兼顾自身的“圈粉、销售、变现”的需求呢？

举例说明：如果主播 Vinson 的短视频最终目的是要带货的，那么他的短视频选题最终一定是围绕“货”来打造的。选题可以围绕着产品主题设计，但不能仅仅是产品本身。Vinson 的货源是女装，那么他的选题可以是围绕“女装”这个主题的，但不能是产品“女装”本身，比如服装穿搭技巧，职场女性怎样穿搭最得体，等等，这样短视频才会更有效。

很多电商朋友问笔者：在抖音里，服装怎么做？保健品怎么做？日用品怎么做？如果只是去拍产品本身，就陷入之前提到的“自嗨”的状态，把短视频平台当作电商平台，观众不接受你，平台也不欢迎你。

一个卖儿童玩具的朋友对笔者说：“我本来就是卖货的，为什么要搞得这么复杂呢？我聚焦自己商品来打造短视频，需要的人自然会找过来的。”笔者给他举了个例子：“你是希望一个一个找到你的观众，然后把你的玩具推销到他面前，说服他购买；还是希望无数个潜在的观众自己找到你，然后购买你的商品？”他想了想，表示可以接受笔者的建议。

笔者进一步跟他解释说：“如果你的拍摄内容仅仅是儿童玩具，那么你的短视频很可能只触动到当下对玩具有需求的人，也就是 3—6 岁的孩子的父母。可是还有一大批 1—2 岁孩子的父母，他们将来是会对玩具有需求的，但当下他们关心的可能仅仅是婴儿床、纸尿裤、手推车等，你的短视频目前就触动不到他们了。”他接着问道：“那么，不拍产品，拍什么呢？”

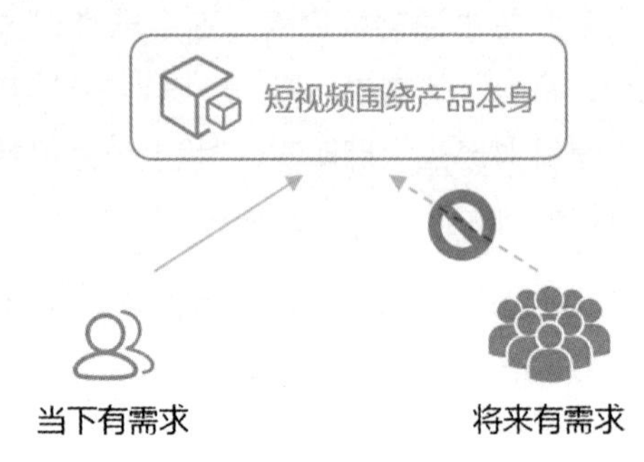


图 12-4 短视频内容围绕产品本身，只能吸引当下有需求的观众

笔者接着说：“这就需要你根据商业目标和受众的需求来确定选题了。要围绕着你的目标观众[1]的喜好和痛点来确定选题，比如你的目标观众是 3—6 岁孩子的父母这类群体，他们的诉求是‘孩子健康、聪明’，他们的痛点是‘担心孩子接触不安全的物品’，而你的玩具卖点是绿色环保健康，那么我们就可以做与‘健康材料的玩具’或者‘益智成长的玩具’相关的选题，这样可能就会有大量的潜在用户被你的短视频吸引，逐渐对你产生信任感，主动来买你的玩具，甚至到最后你可能会发现，不仅是玩具，就连母婴用品、文具你都可以推销了。这样做，你才能高效地、最大化地找到你的垂直用户[2]，然后长远地、

1 目标观众，这里指与营销目标相匹配的人群。
2 垂直用户，指专注某一行业某一部分的特定群体。

全品类地服务他们。”他握着笔者的手连连道谢，最后还聘请笔者做他公司的新媒体顾问。

带货类的短视频选题思路是如此，不以带货为目的的短视频选题思路也是一样，不要一味地“自嗨”，而是需要深入了解目标观众的喜好、痛点和需求，结合主播能提供的优势来满足观众，这才是短视频成为爆款的基础。

**选题 = 自身优势 + 观众需求**

明确了选题思路后，接下来本文将会手把手教你如何做选题。我们把主播分为两个类型：货源型主播和非货源型主播，货源型主播指通过带货实现变现的主播，非货源型主播就是不通过带货实现变现的主播。下文将分别对这两类主播进行详细讲解。

## 12.2 “货源型主播”选题的选择

对需要通过带货来实现短视频变现的“货源型主播”来说，他们选择选题的公式就是产品卖点与目标受众的需求，这类需求可以细分为痛点和喜好。

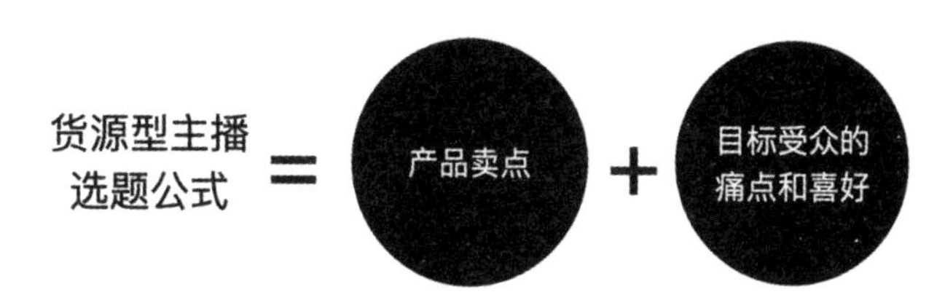


图 12-5 “货源型主播”选题的选择公式

具体如何来操作呢？需要以下四个步骤：

第一步：提炼产品卖点；

第二步：描绘目标受众画像；

第三步：找到目标受众的痛点和喜好；

第四步：确定选题。

下面以主播 Zoey 推销“时尚女装”为案例，分别对以上这四个步骤进行详细介绍。

第一步：提炼产品卖点。Zoey 需要提炼出自己推销的产品最显著的卖点，例如，修身显瘦、时尚百搭、品质高端、价格便宜，等等。

第二步：描绘目标受众画像[1]。比如，她认为“时尚女装”的目标受众画像是：25—35 岁、女性、职场白领人士，等等。

第三步：找到目标受众的痛点和喜好。25—35 岁、女性、职场白领人士这类人群的痛点和喜好有哪些呢？在本书后文的高阶篇中，将会介绍通过数据分析找到目标受众痛点和喜好的具体方法。经过分析，Zoey 得出这群目标受众的痛点是：不会穿衣搭配，没时间运动导致发胖，职场晋升困境，等等；而她们的喜好是：健身减肥、明星八卦、闺蜜话题、美食、星座，等等。

第四步：确定选题。确定选题需要将第一步中的“产品卖点”和第三步中的“目标受众

---

1 受众画像，是一种勾勒目标用户、联系用户诉求与设计方向的有效工具。

的痛点和喜好”放到表 12-1 中。产品卖点列示在表格的左列，目标受众的痛点和喜好列示在右列。

表 12-1 “货源型主播”确定选题方向表

| 产品卖点 | 目标受众的痛点和喜好 |
| --- | --- |
| 修身显瘦<br>时尚百搭<br>品质高端<br>价格便宜 | 不会穿衣搭配<br>没时间运动易发胖<br>职场晋升困境<br>健身减肥<br>明星八卦<br>闺蜜话题<br>美食<br>星座 |

接下来就是做连线题了，左边的 4 个产品卖点和右边的 8 个目标受众的痛点和喜好可以有几种不同结果呢？

表 12-2 Zoey 的 32 种不同选题方向

| | |
| --- | --- |
| 1 修身显瘦 + 不会穿衣搭配 | 17 品质高端 + 不会穿衣搭配 |
| 2 修身显瘦 + 没时间运动导致发胖 | 18 品质高端 + 没时间运动导致发胖 |
| 3 修身显瘦 + 职场晋升困境 | 19 品质高端 + 职场晋升困境 |
| 4 修身显瘦 + 健身减肥 | 20 品质高端 + 健身减肥 |
| 5 修身显瘦 + 明星八卦 | 21 品质高端 + 明星八卦 |
| 6 修身显瘦 + 闺蜜话题 | 22 品质高端 + 闺蜜话题 |
| 7 修身显瘦 + 美食 | 23 品质高端 + 美食 |
| 8 修身显瘦 + 星座 | 24 品质高端 + 星座 |
| 9 时尚百搭 + 不会穿衣搭配 | 25 价格便宜 + 不会穿衣搭配 |
| 10 时尚百搭 + 没时间运动导致发胖 | 26 价格便宜 + 没时间运动导致发胖 |
| 11 时尚百搭 + 职场难以晋升 | 27 价格便宜 + 职场难以晋升 |
| 12 时尚百搭 + 健身减肥 | 28 价格便宜 + 健身减肥 |
| 13 时尚百搭 + 明星八卦 | 29 价格便宜 + 明星八卦 |
| 14 时尚百搭 + 闺蜜话题 | 30 价格便宜 + 闺蜜话题 |
| 15 时尚百搭 + 美食 | 31 价格便宜 + 美食 |
| 16 时尚百搭 + 星座 | 32 价格便宜 + 星座 |

或者，可以如图 12-6 方式连线。

修身显瘦 + 职场难以晋升：穿得这么精炼，面试你就成功了一半。

修身显瘦 + 美食：谁说吃货就不能拥有好身材？

时尚百搭 + 明星八卦：李沁在机场的这套穿搭，让接机粉丝尖叫。

时尚百搭 + 星座：12 星座适合的穿搭技巧，来看看你该怎么穿吧。

品质高端 + 闺蜜话题：闺蜜这么穿，我被误认为小跟班。

价格便宜 + 健身减肥：今年买衣服省下的钱，让我买了一台跑步机。

通过这种连线的方式，Zoey 可以快速找到既能凸显自己推销的产品的卖点又能吸引目标受众的大量选题方向了。如果你是“货源型主播”，你现在就可以按照 Zoey 的案例，快速制定出自己的选题方向。

表 12-3 “货源型主播”选题方向表

| 产品卖点 | 目标受众的痛点和喜好 | 选题 |
| --- | --- | --- |
| | | |

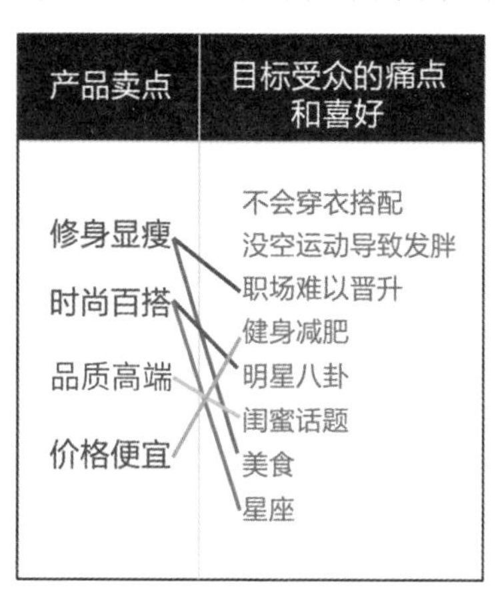


修身显瘦+职场难以晋升：
穿得这么精炼，面试你就成功了一半。

修身显瘦+美食：
谁说吃货就不能拥有好身材?

时尚百搭+明星八卦：
李沁在机场的这套穿搭，让接机粉丝尖叫。

时尚百搭+星座：
12星座适合的穿搭技巧，来看看你该怎么穿吧。

品质高端+闺蜜话题：
闺蜜这么穿，我被误认为小跟班。

价格便宜+健身减肥：
今年买衣服省下的钱，让我买了台跑步机。

图 12-6 Zoey 的选题方向示例图

## 12.3 “非货源型主播”选题的选择

“非货源型主播”选题的选择公式和“货源型主播”的选题公式非常接近，都有“目标受众的痛点和喜好”，而不同之处在于，“非货源型主播”的选题需要突出的是自身的内容特点。

图 12-7 “非货源型主播”选题的选择公式

同样的，“非货源型主播”的选题确立，具体需要以下四个步骤：

第一步：提炼内容特点；

第二步：描绘目标受众画像；

第三步：找到目标受众的痛点和喜好；

第四步：确定选题。

以主播 Wilson 做育儿内容的短视频选题为例。

第一步：提炼内容特点。Wilson 需要提炼出自己短视频内容的特点，例如：逗比的一家三口，爸爸擅长带娃，妈妈擅长时间管理，孩子是话痨，等等。

第二步：描绘目标受众画像。比如，Wilson 认为他的目标受众画像是：25—35 岁，家中有 0—4 岁的宝宝，等等。

第三步：找到目标受众的痛点和喜好。这类人群的痛点、喜好有哪些呢？Wilson 分析后得出，这类目标群体的喜好是：陪伴孩子、科学早教、阅读习惯培养、英语启蒙、金钱观教育，等等。而他们的痛点是：爸爸缺位的丧偶式教育、工作占用陪伴孩子时间、娃叛逆爱哭、带娃累、自我价值感低、家人育儿理念的冲突，等等。

第四步：确定选题。确定选题需要将第一步的内容特点和第三步的目标受众的痛点和喜好列示到以下表 12-4 中，内容特点列示在左列，目标受众的痛点和喜好列示在右列。

接下来就是做连线题了，左栏的 4 个内容特点和右栏的 11 个目标受众的痛点和喜好可以有几种不同结果呢？如表 12-5 所示。

表 12-4 “非货源型主播”确定选题方向表

| 内容特点 | 目标受众的痛点和喜好 |
| --- | --- |
| 逗比的一家三口<br>爸爸擅长带娃<br>妈妈擅长时间管理<br>孩子是话痨 | 爸爸缺位的丧偶式教育<br>工作占用陪伴孩子时间<br>娃叛逆爱哭<br>带娃累<br>自我价值感低<br>家人育儿理念的冲突<br>陪伴孩子<br>科学早教<br>阅读习惯培养<br>英语启蒙<br>金钱观教育 |

表 12-5 Wilson 的 44 种不同选题方向

| 1 逗比的一家三口 + 爸爸缺位的丧偶式教育 | 23 妈妈擅长时间管理 + 爸爸缺位的丧偶式教育 |
| --- | --- |
| 2 逗比的一家三口 + 工作占用陪伴孩子时间 | 24 妈妈擅长时间管理 + 工作占用陪伴孩子时间 |
| 3 逗比的一家三口 + 娃叛逆爱哭 | 25 妈妈擅长时间管理 + 娃叛逆爱哭 |
| 4 逗比的一家三口 + 带娃累 | 26 妈妈擅长时间管理 + 带娃累 |
| 5 逗比的一家三口 + 自我价值感低 | 27 妈妈擅长时间管理 + 自我价值感低 |
| 6 逗比的一家三口 + 家人育儿理念的冲突 | 28 妈妈擅长时间管理 + 家人育儿理念的冲突 |
| 7 逗比的一家三口 + 陪伴孩子 | 29 妈妈擅长时间管理 + 陪伴孩子 |
| 8 逗比的一家三口 + 科学早教 | 30 妈妈擅长时间管理 + 科学早教 |
| 9 逗比的一家三口 + 阅读习惯培养 | 31 妈妈擅长时间管理 + 阅读习惯培养 |
| 10 逗比的一家三口 + 英语启蒙 | 32 妈妈擅长时间管理 + 英语启蒙 |
| 11 逗比的一家三口 + 金钱观教育 | 33 妈妈擅长时间管理 + 金钱观教育 |
| 12 爸爸擅长带娃 + 爸爸缺位的丧偶式教育 | 34 孩子是话痨 + 爸爸缺位的丧偶式教育 |
| 13 爸爸擅长带娃 + 工作占用陪伴孩子时间 | 35 孩子是话痨 + 工作占用陪伴孩子时间 |
| 14 爸爸擅长带娃 + 娃叛逆爱哭 | 36 孩子是话痨 + 娃叛逆爱哭 |
| 15 爸爸擅长带娃 + 带娃累 | 37 孩子是话痨 + 带娃累 |
| 16 爸爸擅长带娃 + 自我价值感低 | 38 孩子是话痨 + 自我价值感低 |
| 17 爸爸擅长带娃 + 家人育儿理念的冲突 | 39 孩子是话痨 + 家人育儿理念的冲突 |
| 18 爸爸擅长带娃 + 陪伴孩子 | 40 孩子是话痨 + 陪伴孩子 |
| 19 爸爸擅长带娃 + 科学早教 | 41 孩子是话痨 + 科学早教 |
| 20 爸爸擅长带娃 + 阅读习惯培养 | 42 孩子是话痨 + 阅读习惯培养 |
| 21 爸爸擅长带娃 + 英语启蒙 | 43 孩子是话痨 + 英语启蒙 |
| 22 爸爸擅长带娃 + 金钱观教育 | 44 孩子是话痨 + 金钱观教育 |

可以如图 12-8 方式连线。

爸爸擅长带娃 + 娃叛逆爱哭：奶爸学会这 3 招，宝宝再也不哭闹。

逗比一家三口 + 科学早教：逗比是最好的教育方式，你一定没陪孩子玩过的逗比游戏。

孩子是话痨 + 金钱观教育：一说到钱，我儿子就滔滔不绝，这是要当下一个马云的节奏啊！

甚至是可以结合三个内容，妈妈擅长时间管理 + 自我价值感低：学会这套时间管理，让你带娃的同时把钱赚。

通过这种连线的方式，Wilson 可以快速找到既能凸显自己短视频内容的特点又能吸引目标受众的大量选题方向了。如果你是“非货源型主播”，你现在就可以按照 Wilson 的案例，快速制定出自己的选题方向。

**表 12-6 “非货源型主播”选题方向表**

| 产品卖点 | 目标受众的痛点和喜好 | 选题 |
| --- | --- | --- |
| | | |

根据这些选题方向去拍摄短视频，持续一段时间后，主播就会找到数据反馈最好的选题

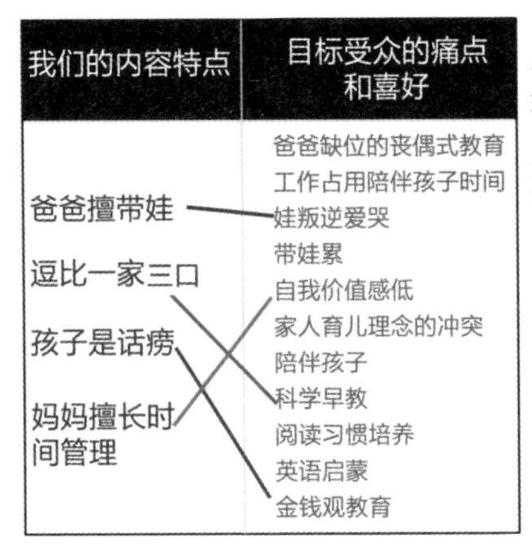


图 12-8　Wilson 的选题方向示例图

方向，比如，以上列举的案例中，“逗比是最好的教育方式”这个选题。如果这个短视频的播放量和点赞量都很高，说明目标受众非常喜欢这类选题，那就可以出续集，持续去做逗比教育类风格的视频，这样不用太长的时间，你的短视频就会火爆的。届时你将收获越来越多的目标受众，之后的主播的变现诉求，还会变得很难实现吗？

“货源型主播”和“非货源型主播”的选题方向选择公式中，“产品卖点”和“受众的痛点和喜好”这两个主题是许多人的难点，所以下文将对这两点进行详细讲解。

## 12.4 找到产品卖点的两个捷径

许多货源型主播都会觉得：“我的产品没有什么卖点呀，就是普通产品而已，在短视频平台上根本没有竞争力。”这里有两个认知误区。

1. 不是产品没有卖点，而是主播没有深入去挖掘。

2. 短视频平台是一个渠道，它可以放大产品的卖点。

当然，这个观点中还有一个认知是非常正确的，那就是：产品没有任何卖点，是无法达到变现的目标的。

所以，主播们需要做的就是，深入挖掘产品卖点，然后通过短视频平台来放大卖点。如何操作呢？接下来将介绍两个深入挖掘产品卖点的方式，即“展示目标受众关心的细节”和“围绕产品提供服务和价值”。

### 12.4.1 展示目标受众关心的细节

通过“展示目标受众关心的细节”，可以快速找到主播推销的产品卖点。比如，York 是卖小核桃的，York 的目标观众最关心的是什么呢？是好不好吃，吃了会不会发胖，还有就是食品安全问题。那么，York 就可以拿其中的任何一点来作为自己的产品卖点。比如 York 决定把“食品安全”作为产品卖点，他就可以通过短视频或者直播的方式，把原材料的环保种植基地呈现出来，再展示工人采摘的专业程度、加工工厂的流水线、小核桃封装的过程，甚至是仓储、打包、物流等环节，都可以可视化地呈现给观众。给观众的印象就是：York 推销的食品是无污染的绿色健康食品。

York 推荐的这个厂家，也许种植基地是和其他厂家共用的，工人采摘也是外包的，小核桃封装也是和其他厂家无差别的。那么 York 呈现的这些关于“食品安全”的细节，到底是不是卖点呢？答案是肯定的。也许有 10 个甚至 100 个厂家都和 York 推荐的是一样的，甚至比 York 推荐的厂商更好，但是 York 把这些观众关心的细节可视化地展示出来了，这些细节的呈现，就构成了 York 产品的卖点。

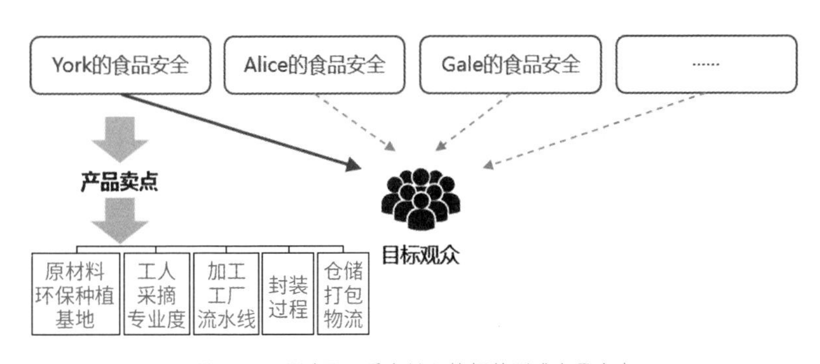


图 12-9　通过展示受众关心的细节形成产品卖点

如果其他厂家都看到了，也效仿 York 开始拍摄这些细节怎么办呢？并不用担心，仅仅“食品安全”这一个卖点，就可以挖掘出成千上万的细节，比如：车间的地上是否有灰尘，工人在操作过程中是否会戴口罩，分拣包装的员工会不会戴手套，甚至是每年员工的体检项目、去哪里体检，等等，都可以作为“食品安全”的细节，可视化地呈现给观众看。

除了“食品安全”之外，还可以聚焦“吃了会不会胖”这个观众关心的细节，比如展示产品成分，通过故事演绎或者科学数据来告诉 York 的目标观众：“我的产品无添加其他配料，糖分低、热量低。”

通过“展示目标受众关心的细节”这个方法，任何货源型主播都可以快速找到自己产品的卖点，从而确定自己的选题公式。

## 12.4.2 围绕产品提供服务和价值

除了“展示目标受众关心的细节”，还可以将“围绕产品提供服务和价值”作为产品卖点。比如，Andy 是推销服装的，她的受众关心如何做穿搭，那么，Andy 的卖点就能找到了，那就是提供穿搭技巧。再比如，Baird 是推销食材的，他可以将烹饪技术作为自己的卖点；Calvin 是推销玩具的，他可以将玩具攻略作为自己的卖点。

除了这些可以让观众获得实质性收益的技术之外，主播还可以提供一些精神方面的价值，比如：推销服装的 Andy，她向受众可以传达“胖女孩变美变自信”的正能量；推销食材的 Baird 可以输出“一个人也要好好吃饭，爱自己”的生活理念；推销玩具的 Calvin 可以转播“玩具可以提升幼儿智商和情商”的观念，等等。

通过围绕产品，给受众提供有形的服务或者无形的价值理念，可以与用户建立信任关系，最终形成主播自己特有的产品卖点。

“非货源型选手”寻找“选题特点”的路径也是通过“展示目标受众关心的细节”和“围绕内容提供服务和价值”，快速地找到自己的选题定位。

# 12.5 四大平台寻找目标受众的喜好和痛点

如何寻找目标受众的喜好和痛点呢？通常有两种选项：

选项一：关起门来自己臆测；

选项二：找到目标受众，询问他们。

很明显，选项二会更加简单而且可靠性更高。那么主播如何找到目标观众呢？或者说，目标受众在哪里呢？受众一般会出现在以下四个地方："自有平台""垂直平台""问答平台""电商平台"。

图 12-10　目标受众出现的四大平台

能够最直接找到目标受众的地方就是自有平台，比如，假设 Hedy 抖音有 10000 粉丝，那么 Hedy 可以去搜集粉丝的反馈，甚至直接和粉丝互动，询问粉丝："你平时最喜欢干什么?""哪些事情会让你很困扰呢?"等。除了抖音外，微信、微博和小红书等已经是承载主播目标受众的平台，都是属于"自有平台"，主播可以很快地连接到目标受众。

自有平台是寻找目标受众的第一选择，第二选择就是垂直平台了。

垂直平台是指服务于特定某一领域的互联网平台，比如医疗美容领域的“新氧”，科技领域的“差评”，二手闲置物品领域的“闲鱼”，等等，每个领域肯定都会有相对头部的一些平台，主播也可以去这些平台看看目标受众在讨论什么话题，从而了解他们的痛点和喜好。

除了自有平台和垂直平台外，还可以通过问答平台来寻找主播目标受众的痛点和喜好，如知乎和百度知道，等等。比如，Jackson 是做减肥类短视频的，那么他可以搜索“吃什么减肥”“瘦身”等关键词，来查找他的目标受众所关心的一些问题。

如果是货源型主播，还可以通过电商平台直接找到目标受众的需求，比如淘宝、京东、拼多多等。以淘宝为例，主播可以先网上搜目标受众可能会购买的商品，进入商品页后，查看“商品详情页”、“评价”和“问大家”这三个板块。

比如，Liana 是做母婴产品推销的，她的受众有可能会购买“奶嘴”，Liana 可以打开淘宝进行搜索，按照销量排序，找到一个相对热门的产品。打开之后，先去浏览详情页，热门商品之所以能那么畅销，在产品详情页中列示的奶嘴产品的亮点必定是目标受众所需要的，商家花了巨大的心思才整理和展示出来，Liana 可以作为参考。

接着再去看评价，我们不需要过多关注“好评”内容，而是要重点去关注“中评”和“差评”，因为这两类评价更容易直接暴露用户的痛点。通过查看目标观众的吐槽，可以直接抓住他们对于这款产品的痛点，Liana 可以思考：“我的短视频可以帮助他们解决这些痛点吗？”

最后再来看“问大家”这个模块，这里列示的大都是目标观众比较关心的问题，通过对这些问题的分析，可以找出目标观众的痛点和喜好，有一些甚至可以直接作为你的短视频选题。

最后，主播还需要把搜集好的内容记录下来，填入以下表格。

表 12-7　四大平台寻找目标受众痛点和喜好记录表

| 搜集来源 | 目标受众的痛点和喜好 | 参考选题 |
| --- | --- | --- |
|  |  |  |
|  |  |  |
|  |  |  |
|  |  |  |

比如，推销母婴产品的 Liana，填写的信息如下表。

表 12-8　Liana 的四大平台寻找目标受众痛点和喜好记录表

| 搜集来源 | 目标受众的痛点和喜好 | 参考选题 |
| --- | --- | --- |
| 小红书 | 需求：希望宝宝别那么内向害羞 | 教授帮助宝宝建立自信的方法 |
| 知乎 | 需求：希望帮助宝宝开发智力 | 推荐对宝宝智力发展有益的游戏 |
| 淘宝 | 痛点：担心宝宝用奶嘴久了会“龅牙” | 科普奶嘴对宝宝的好处和坏处 |
| …… |  |  |

通过对目标观众的痛点和喜好的研究，思考自己怎么提供解决方案，作为自己的短视频选题。

千万不要以为这张表格只需要做一次就够了，笔者通常会每周对表格进行一次维护和更新，把已经做成短视频的选题划去，将重新找到的痛点和喜好添加进去，每次看到这张表格，都能源源不断地给笔者提供灵感。

本章节从短视频平台的底层逻辑引入，从“货源型主播”和·“非货源型主播”的角度，分别详细讲解了二者各自的选题公式，同时还介绍了如何找到产品卖点的两个方法以及寻找目标受众痛点和喜好的四大平台，试图帮助主播进行选题筛选，加上上一章节介绍的“定位”，爆款短视频汽车模型中的“内容”部分就讲解完了。“内容”是爆款短视频汽车模型的油箱，决定了主播能在短视频这条道路上走多远。

# 人设：打造内外人设，吸引死忠粉

前文的“定位”和“选题”是爆款短视频汽车模型中的内容部分，它是汽车的油箱，决定了主播在短视频这条道路上能走多远。而本章要详细介绍的“人设”，是这辆汽车的发动机，决定了主播在短视频道路上能走多快。

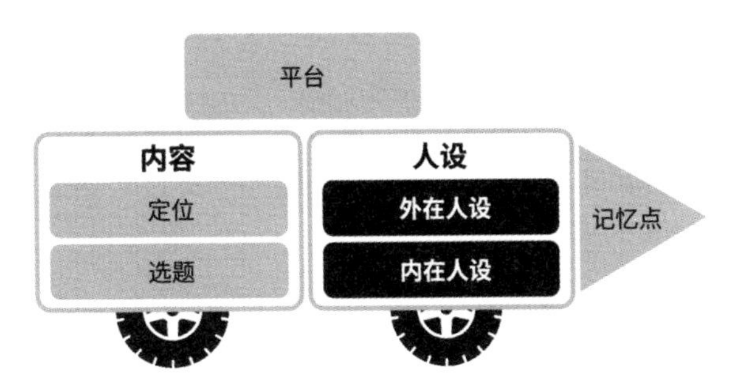


图 13-1　人设在“爆款短视频汽车模型”中的位置

那么，什么是“人设”呢？人设就是人物设定。拿热门的漫威电影系列来举例：如果 Zad 在马路上，随机找 100 个人来问，《钢铁侠》第一集的剧情是怎么样的，或者《绿巨人》系列第二部描述了什么故事？也许能立刻回答上来的，不会超过 10 个人；但如果 Zad 让他们说出漫威电影里的三个英雄人物，那能回答出来的人可就多了，只要看过漫威电影的，都能说出美国队长、钢铁侠、雷神、绿巨人、黑寡妇、黑豹等人物的名字。甚至是有一些没有出过独立电影的漫威人物，如鹰眼、幻视、绯红女巫、洛基，等等，都会被如数家珍地报出名字。如果把电影和短视频做对比，那么电影的剧情就是短视频的内容，而这些英雄留给观众的印象，就是短视频里主播的人设了。

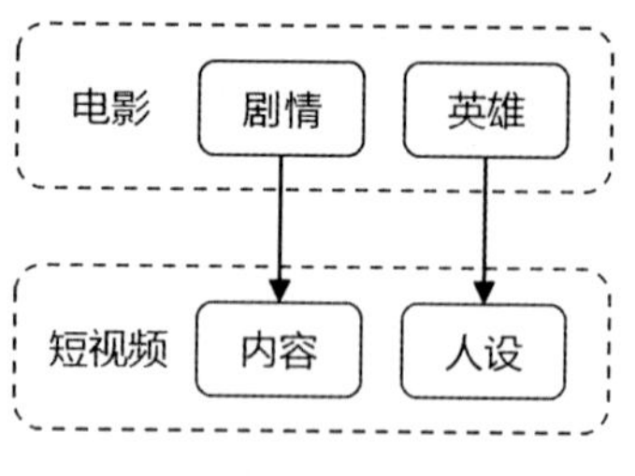


图 13-2　电影与短视频类比

最初，漫威电影是以剧情为中心，打造了一大批漫威英雄人物，也就是剧情带着英雄走，观众都是奔着剧情，花钱买票看电影的；当电影里每一位英雄都渐渐有了大量的“死忠粉”后，漫威电影开始以英雄为中心打造剧情，变成了英雄带着剧情走，观众都是奔着英雄花钱买票看电影的。而且到了最后，英雄和英雄之间开始打造矩阵，互相串场、相互导流了。比如，在最近的《蜘蛛侠 · 英雄归来》中，会看到钢铁侠出现；《雷神 3 · 诸神黄昏》中，会看到绿巨人出现；《美国队长 3 · 内战》中，会看到钢铁侠、鹰眼、黑寡妇、黑豹、幻视等一大堆英雄出场。

图 13-3　漫威电影中剧情和英雄关系的演变

漫威电影的这种做法，是源于其深谙电影观众的需求。短视频也可以借鉴漫威的这种手法，也就是，先通过打造内容，让短视频中的主播人设变得有趣，吸引大量粉丝，也就是“内容带人设”；当大家认可短视频中主播的人设之后，那么这个主播拍什么都会吸引他的粉丝，也就是“人设带内容”；最后再联合一些有粉丝的主播一起做短视频，可以互相导流圈粉，也就是“各路人设互相导流”。

图 13-4　短视频借鉴漫威电影的内容和人设的关系演变

对于人设的打造，短视频和电影的思路是一致的，只不过电影的英雄一般是虚构的，而短视频一般是真实的人设，主播不能拥有超能力，被蜘蛛咬一下要么肿起来，要么进医院，不会变成蜘蛛侠。

在短视频制作的前期，需要通过几个甚至几十个短视频来凸显主播的人设，比如我是一个“阳光贴心的奶爸”，或者是一个“外表高冷但爱心爆棚的律师”，当观众们接纳了这种人设并开始喜欢主播时，主播的人设就成了短视频强有力的代言人。它能给观众带来确定以及稳定的预期，只要主播在短视频中出现，那么这个短视频将会吸引这些观众。也就是说，主播的人设，会持续高效地放大短视频的商业价值。

如何建立一个优秀的短视频人设，来吸引数十万甚至数百万的“死忠粉”呢？人设分为内在人设和外在人设，本章将会进行详细的讲解。

# 13.1 内在人设和外在人设

内在人设，就是主播具有稳定的三观，也就是世界观、人生观和价值观。这里并不用区分什么是世界观、什么是人生观、什么是价值观，稳定的三观可以简单地理解为："主播对于某件事、某个人都有一致的态度。"外在人设，就是观众能直接看到的部分，外在人设由身份、性格和形象这三个部分组成。

比如，短视频美食领域一个头部大 IP"麻辣德子"。麻辣德子的短视频内容，基本上是围绕着自己家的厨房教人做菜，他的内在人设就做得非常成功，可以说他的成功很大程度上得益于他人设的塑造。麻辣德子人设的三观打造是通过美食和家庭展现的，从头到尾他的短视频都在传达一种感恩的情绪。比如：今天给媳妇儿做道菜，是对爱人的感恩；每个视频的结尾，他都会双手合十、鞠躬致谢，这是对粉丝的感恩。所以，"感恩"就成了他内在人设的核心，并且"感恩"这个核心，和他的短视频内容"家庭"与"美食"非常贴切。

在"感恩"这个内在人设的基础上，麻辣德子的外在人设是怎么样的呢？

在麻辣德子的短视频里，观众可以通过"每天给媳妇儿做吃的""做饭时专注的表情"等细节，感受到他的身份就是一个好男人、好丈夫。通过“憨厚可爱的笑容”“双手合十感谢观众”等细节，能够感受到他的敦厚、可靠，懂感恩。而他外形，长得胖乎乎的，穿着家居的衣服穿梭在厨房，一看就是很朴实很接地气的居家好男人。

通过对麻辣德子内在人设的分析后发现，他外在人设和内在人设是完全匹配的，再匹配他的短视频内容“在自家的厨房教人做菜”，二者浑然天成。通过持续稳定地短视频输出，麻辣德子的人设不断被深化和强化。笔者在一次线下课里播放了他的短视频，现场 120 人中，有超过 100 人都对他产生了信任感，并且成了他的粉丝。

那么一个成功的人设，有什么特征呢？那就是被大多数观众信任和喜欢，麻辣德子做到了。所以麻辣德子每一期短视频里教授做什么菜，已经不重要了，他的粉丝已经习惯了看到他居家好男人的样子，哪怕他今天就烧个水，也是能够收获破百万的点击量。

## 13.2 打造人设四步法

那么如何像麻辣德子一样，塑造一个吸引死忠粉的人设呢？以下四个步骤，指引你由内而外地打造魅力人设：

第一步：定义三观；

第二步：定义身份；

第三步：定义性格；

第四步：定义形象。

首先是定义自己的“人设三观”，这个“三观”需要围绕自己的短视频内容来设定，这样能更精准地吸引目标受众。

需要强调的是，人设的三观必须是积极正向的，积极正向的三观不管是在平台方，还是观众那里，都是很受欢迎的。如果塑造了特别小众的三观，虽然算是另辟蹊径，但是代价就是平台可能不会推送，观众群体也会很少。

接下来，就要由内向外，依次定义身份、性格和形象了。

身份的选择非常多。比如，对于主播 Scott，从最基本的社会角度来说，Scott 是一个成年人，一个男人；从家庭角色的维度来说，Scott 是一名父亲、哥哥，也是一个儿子、孙子；从健康角度来说，他是一个四肢健全、眼睛有近视的人；从行业维度看，他属于 360 行里的健身顾问。选择什么维度的身份并不重要，重要的是，它须和你的短视频内容直接匹配，能为你的内容代言。

比如 Scott 期望通过带货来达到变现的目的，那么适合他的就有两种身份，一种是“行业专家”的身份，这种身份本身就是一个专业人士，所以更容易让观众产生信任感。第二种是“示范者”身份，Scott 可能并不是这个领域的资深人士，但是他敢于拿自己做亲身示范，比如有一些美妆达人拿自己试妆，一些评测达人自己试吃试用，等等，这种身份的说服力也非常强。

定义完身份后，接下来就是要定义性格了，性格的定义需要迎合目标受众，因为主播的最终目标，是希望目标受众能成为自己的客户。所以主播需要有能打动这群人的性格特质，和他们对话，和他们成为朋友。比如，从事电商业务的 Scott，他的人设性格塑造应该是“你身边的暖男健身专家”，这样才能让目标受众认为他是知心朋友。

再举个例子，抖音中有一个头部达人的案例“多余和毛毛姐”。主播虽然是一个男性，但是真的是比女性还懂女性，他清楚女性在不同场景下的心态，他懂得女性受众到底关心什么，并且他非常擅长挖掘自己的人设性格特质，和女性对话，所以他的作品都深受女性的欢迎。

同样，“口红一哥”李佳琦，也是男性，但同样他也是一个比女人还懂女人的男人，他的人设性格塑造也非常讨喜，一样在女性群体里深受欢迎。

完成了外在人设的身份和性格塑造后，最后是形象的塑造。形象的塑造有两种方式，一种是和性格匹配，另一种是与性格形成反差。比如，麻辣德子“居家接地气”的形象和“敦厚朴实”的性格就完美融合。

而阿纯“经常女装示人”的形象和“很直爽、很爷们儿”的性格就形成了强烈的反差，这种反差反而引起了观众的兴趣。

通过打造人设的四步法——“定义三观”“定义身份”“定义性格”“定义形象”，可以让主播快速地打造与短视频内容匹配的精准人设。除此之外，打造人设时还需要注意以下三点。

1. 打造“人设”前，须询问他人

线下很多学员在做人设设定的时候都会陷入怪圈：“自己不了解自己”，也就是，自己眼中的自己和别人眼中的自己，是不一样的。比如

Tami 是大专毕业生，一直觉得自己学历低，没什么文化，可他经常读书，收看一些专业类节目，在朋友看来，他每次提出的观点都很新颖，是一个学识丰富的人。

所以当自己的人设打造陷入困境的时候，不妨和身边的朋友、同学、同事和闺蜜聊聊天，让他们来帮助你找到你身上最显著的人设特征。

2. 人设须真实

人设是在主播多个身份和性格中，选择其中几个展示给观众，而不是让主播完全变成另一个人，毕竟主播不是演员，去演一个“人设”的话，长此以往，自己会特别拧巴、特别累。而且短视频是可以后期剪辑制作的，可以将自己感觉不好的部分删除掉；但到直播间就不行了，如果在一两个小时内要扮演一个不是自己的自己，这简直堪比拿奥斯卡小金人，万一不小心人设崩塌[1]，导致的后果就是短视频被隐藏，数十万粉丝只剩下几千个僵尸粉[2]，辛辛苦苦付出的努力全部白费，而且主播有可能再也不能被观众接受了。（人设崩塌的案例很多，此处不做列举。）

---

1 人设崩塌：一般指人物形象没有扮演好，多指经纪人给明星设定公众形象不到位；另一方面就是指某人的形象因为某件事情而声名俱毁，颠覆了之前留给大家的健康积极的原本印象。也称为“人设崩了”，或者是“人设已崩”，等等。

2 僵尸粉：极不活跃的，或者干脆不存在的有名无实的粉丝。

如果主播的人设不符合自己的商业定位，怎么办呢？那么，宁愿自己不做，请适合的人来出镜，也不要作假。

3. 人设须平易近人

如果 Newman 的上司向他推荐了一款衣服，而 Newman 的好友向他推荐另一款衣服，Newnam 会选择哪一件呢？如果上司不是用行政命令来强迫他的话，Newman 大概率会选好友的推荐，因为好友和他更近，也更懂他。

主播最终需要通过目标受众实现变现的目的，所以需要平易近人地和观众们做朋友，而不是高高在上。很多主播在短视频领域和粉丝们打成一片，称兄道弟，原因就在于此。

本章从漫威电影引入，分别介绍了短视频中的内在人设和外在人设，详细介绍了打造人设的四步法，“人设”需要为内容服务，“人设”是短视频内容的代言人，是爆款短视频汽车模型的发动机，决定了主播能在短视频这条道路上走得多快，配合前文的内容，也就是，人设是爆款短视频汽车模型的油箱，决定了主播可以在短视频道路上走得又快又远。

# 14 平台：十大维度科学选择抖音和快手

当主播确定了自己的短视频内容和人设之后，就可以着手开始拍摄短视频了。当短视频拍摄完成之后，又会出现一个问题："该选哪个平台来上传我的短视频呢？"这就是本章要概述的内容，也就是"平台"的选择。

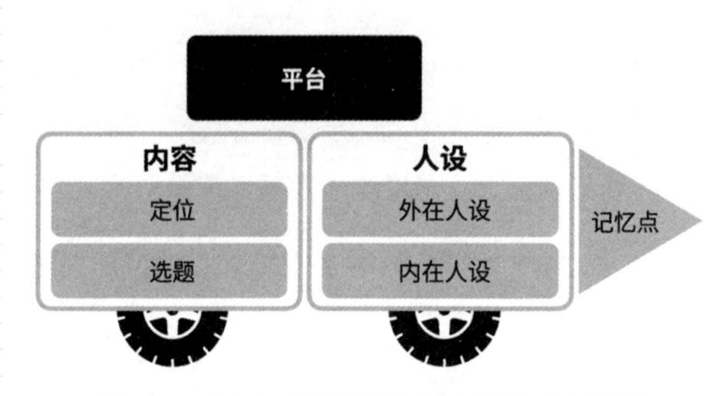


图 14-1　平台在"爆款短视频汽车模型"中的位置

为了方便分析，本书选择了当下用户规模最大的两个短视频平台："抖音"和"快手"。

"抖音和快手这两个平台到底有什么区别？""主播应该选择哪个平台来发展？"这两个问题是许多入门级主播常问的问题，而且同样的一个短视频上传这两个平台，最终的结果一定是大相径庭的。本章将会从"用户画像"

“粉丝互动行为偏好”“粉丝黏性”“涨粉最快账号类型”“产品类型销量排行”“产品售价销量排行”“带货账号粉丝量”“带货能力最强的账号类型”“短视频推荐机制”“平台底层定位”这10个指标来全面分析抖音和快手这两个平台，帮助主播全面了解这两个平台，进而做出更利于自己短视频发展的决策。

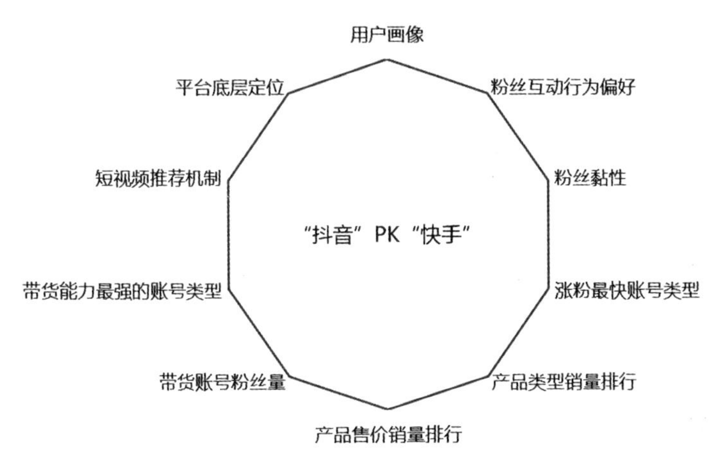


图14-2 抖音与快手的区别——10大指标分析

本文会以卡思数据发布的《抖音VS快手红人电商数据深度研究》和《2020抖音VS快手最新数据研究：KOL[1]、粉丝及内容生态变迁》为数据来源，详细列示抖音和快手平台用户数据表现，并提炼出这些数据表现对于主播们的指导意义。

1 KOL：关键意见领袖（Key Opinion Leader，简称KOL）是营销学上的概念，通常被定义为拥有更多、更准确的产品信息，且为相关群体所接受或信任，并对该群体的购买行为有较大影响力的人。

# 14.1 用户画像

主播通过前文已经确定了自己的目标受众画像，那么在抖音和快手这两个平台中，哪个平台的用户和自己的目标观众更匹配呢?

抖音的活跃用户里面女性用户居多，而且18岁以下用户数量占据第一，大约有31.59%，并且整体来说，在一二线城市抖音的用户相对而言更多。

快手的活跃用户里面男性用户更多，18—24岁的用户占比最大，大约占到了30%，在地域分布方面明显和抖音用户呈两极化，来自四线以下城市的用户占了大多数。

从粉丝的分布城市方面分析，抖音用户更多地分布在南方城市，而且在一线城市居多。另外，抖音用户日活跃持续时间较长，晚上9—12点是他们刷抖音的顶峰时段。

快手用户更多的是分部在北方四线及以下的城市，只有一个三线城市上榜——山东临沂，这个城市的服装产业是特色，而且在快手平台上，山东临沂的服装直播带货成绩也非常好。另外，快手的用户日活跃持续时间较短，晚上7—8点，他们最活跃。

通过这些数据可以得到以下信息：抖音用

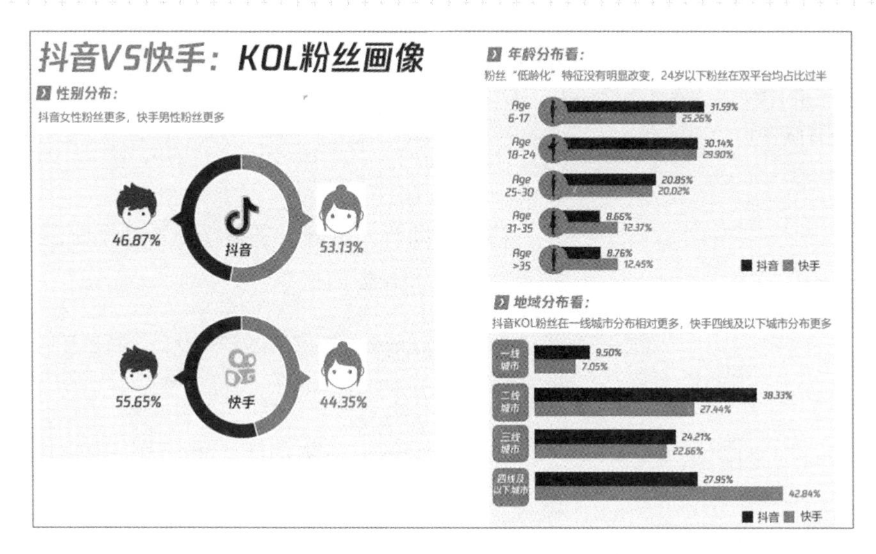


图 14-3　抖音和快手 KOL 粉丝画像

户女性用户更多，快手用户男性多；抖音用户相比快手，更年轻一些；抖音用户一二线城市用户多，快手在四线及以下城市用户多；抖音用户夜生活比较丰富，快手用户生活比较规律。这些信息，对于主播选择平台是非常有意义的，比如，如果 Bell 是在网络平台上推销大众类男性服装的，那么快手上的用户更符合他的目标受众画像，而且他在每天晚上 7—8 点推送短视频，将会收到较好的效果。如果 Darius 是在网络平台上推销女性高端护肤品的，那么抖音上的用户更符合他的目标受众画像，而且他在晚上 9—12 点推送短视频会获得较好的效果。

## 14.2 粉丝互动行为偏好

粉丝互动行为偏好，是指粉丝看完视频后，和主播的互动频率。

“粉丝互动行为偏好”这个指标，抖音和快手的区别很大。

在抖音平台上，粉丝越少的账号，粉丝的留言比例越大；粉丝越多的账号，粉丝留言比例也就越少。抖音平均的赞评比在 42∶1，也就是 42 个点赞，只有 1 个留言。这是为什么呢？因为做抖音视频的人，主要的精力都放在作品上，和粉丝的互动相对较少，粉丝看到主播不回复，所以留言的热情就会大大降低，导致了赞评比的低下。

在快手平台上，情况就完全不一样了。快手的互动频率远超抖音，全站平均 13 个点赞，就有 1 条评论，赞评比表现最好的超头部账号（粉丝量≥ 1000 万账号），每 8 个赞就有 1 条评论。这是因为快手中的主播更倾向于与粉丝建立“亲人”般的信任关系，如果粉丝给主播留言或者私信，主播回复的概率，比抖音主播高出很多，粉丝收到了主播的回复，当然会热情高涨，评论得更加积极。

通过这些数据可以得到以下信息：抖音里

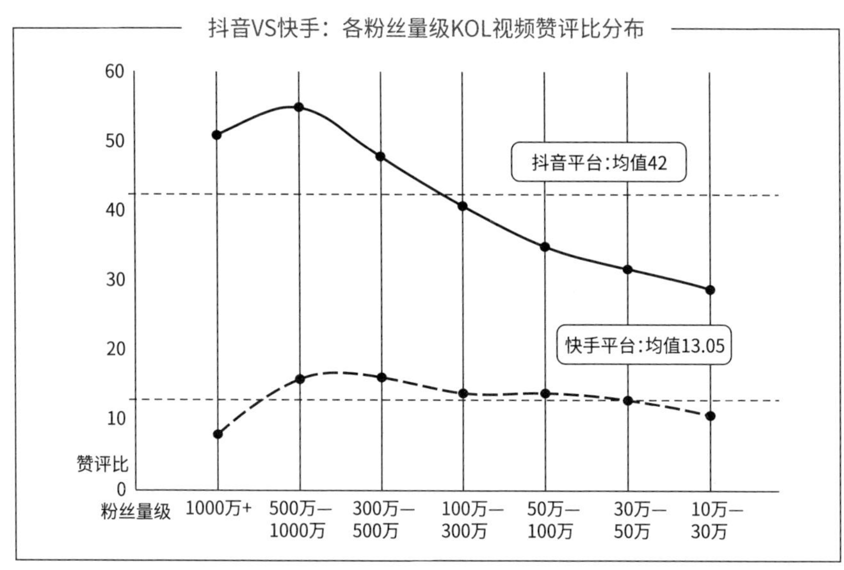


图 14-4　抖音和快手的粉丝互动行为偏好对比

用户互动的频率远低于快手。这意味着，抖音更倾向于“内容”而快手更倾向于“人设”，关于这点，在下文中将详细展开讨论。

## 14.3 粉丝黏性

粉丝黏性是指用户对于偶像或产品的忠诚、信任与良性体验等结合起来形成的依赖程度和再消费期望程度。KOL 粉丝质量分布是根据 KOL 的粉丝的各项行为综合分析来的，比如：点赞、转发、消费、活跃度、互动深度，等等。如某个 KOL 的粉丝，参与点赞、转发和消费等越多，那么他的评分也就越高，最高为 100 分。KOL 粉丝分布质量可以体现出粉丝的黏性程度。

在抖音平台上，粉丝在 60—80 分区间内的分布高于快手，占比 34.85%。抖音的用户和主播很少有像快手那种的“亲人”般的关系，但是从粉丝的行为数据来看，他们对自己关注的主播的黏性也是很强的。

而在快手平台上，粉丝评分 80 分以上的账号占比相较抖音更多，约占 8.02%。快手通过“长效的短视频 + 直播的圈粉固粉[1]”模式，让快手主播和用户更容易建立类似“亲人”一样的感情，不管是粉丝的活跃度还是互动深度都更强。这种黏性更多的不是体现在简单的互动交流上，而是体现在用户的行为反馈上，比如粉丝会频繁地给主播点赞，转发主播的作品等。

通过这些数据可以得到以下信息：快手的粉丝黏性非常好，主播更倾向于和粉丝建立类似“亲人”般的关系，抖音虽然没那么极端，但粉丝黏性整体来看，也绝对不弱。

1 固粉：稳固粉丝。是指娱乐圈的明星艺人，用各种手段和方法，以稳固自己的粉丝群体，防止粉丝脱粉的行为。常与“虐粉”一词联系在一起，是饭圈用语。

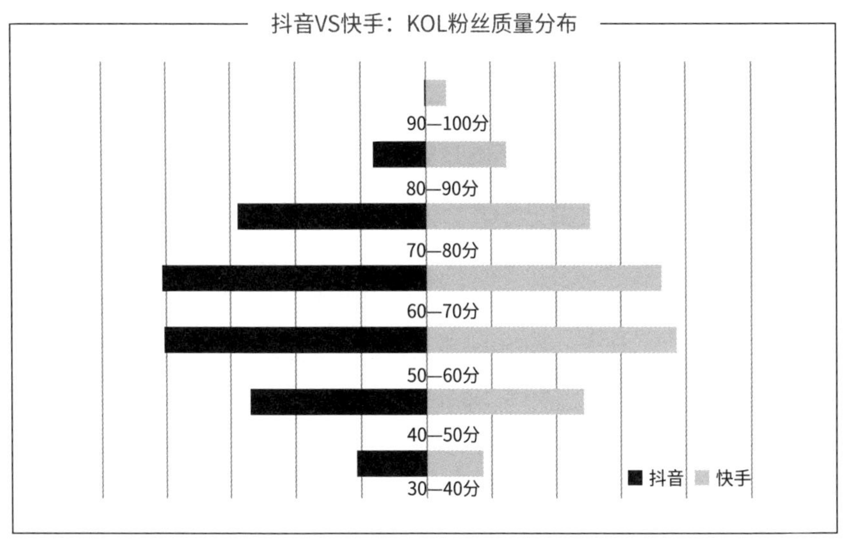


注：粉丝质量，为卡思数据所有，是对 KOL 粉丝数据贡献权重、互动参与权重和优质粉丝占比的综合考量。满分为 100 分，分值越高，代表 KOL 的粉丝价值越优。
数据来源：卡思数据，数据截止日期：2019 年 10 月 31 日。

图 14-5 抖音和快手的 KOL 粉丝质量分布

## 14.4 涨粉最快账号类型

涨粉最快账号，是指在平台中那些粉丝增长最快的账号，这个指标也能代表这个平台的发展趋势。

在抖音和快手这两个平台，剧情搞笑类视频的受欢迎程度，基本上是独占鳌头的，数据遥遥领先。这类账号在这两个平台的吸粉速度都特别快。

通过这些数据可以得到以下信息：在抖音和快手平台上，最受欢迎的短视频类目是剧情搞笑类，而且数据遥遥领先。抖音的趋势类目还有：小姐姐、音乐、美食、情感、美妆、知识分享、游戏、小哥哥和萌宠；快手的趋势类目还有：美食、游戏、音乐、生活记录、小姐姐、小哥哥、才艺技能、美妆和情感。这些信息对于主播选择平台是非常有意义的，比如：如果 Andy 想做颜值类的短视频，那么抖音上符合他的目标受众画像的人更多；如果 Spencer 想做甜品制作方面的短视频，那么快手上符合他的目标受众画像的人会更多。

## 14.5 产品类型销量排行

产品类型销量排行，是指什么产品在平台上最好卖。这个指标是通过“7 日好物榜产品所属行业类别”这个数据体现出来的。

在抖音 7 日好物榜产品所属行业类别中，居家日用、女装和食品饮料类占比最大，合计占了 54%。这些类目有什么特点呢？它们拥有一个共同的标签——“美好生活”。

大到厨具、家具装饰，小到比如收纳盒和挂钩，这些商品都有意无意地被赋予了一种“美好生活”的含义。就像前文“选题”中所

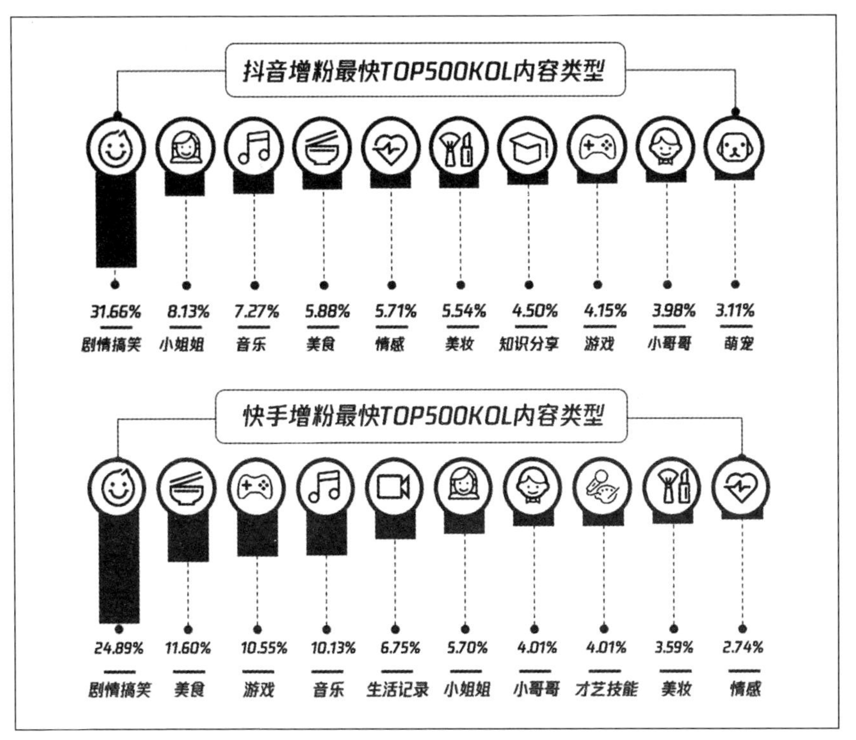


数据来源：卡思数据，数据统计周期：2018 年 11 月 1 日至 2019 年 10 月 31 日。

图 14-6　抖音和快手的涨粉最快账号类型对比

描述的，对于主播来说，如果在抖音里卖货，就不能只专注于货品本身，主播需要给产品赋予一些精神含义，这样才更容易打动人心，提升销量。

还有个有意思的现象，刷抖音的观众最喜欢看的类目是彩妆、居家日用和图书，但销量榜里面，彩妆和图书都没排到前三，这也说明，浏览量不等于销量，用户喜欢看，并不代表他们就会购买。

快手的“7 日好物榜产品所属行业类别”数据，比抖音的数据更加聚焦。

快手平台上的视频，食品饮料、面部护理和居家日用类目占到了整个视频的 79%，这些视频有什么共同特点呢？那就是“实用”。洗脸巾、

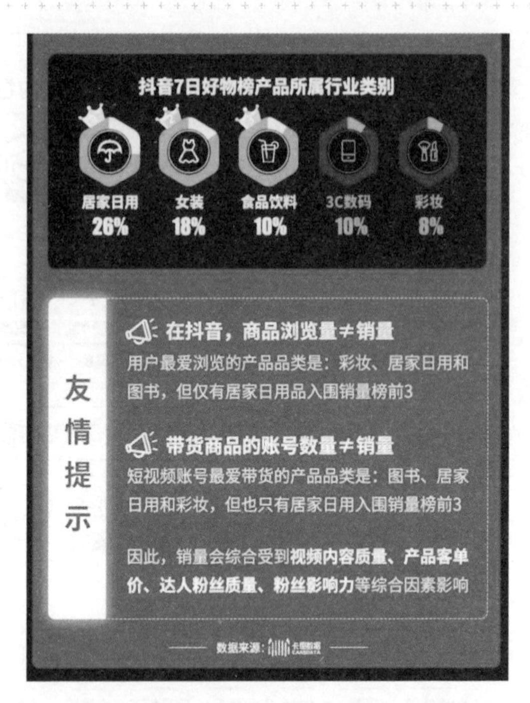


图 14-7　抖音 7 日好物榜产品所属行业类别

图 14-8　快手 7 日好物榜产品所属行业类别

洗衣液这些日用品，还有保暖内衣、打底内衣、秋裤等的需求量非常大。

为什么快手平台上实用型的商品最好卖呢？因为快手的大部分用户集中在四线城市及以下，有很多人连淘宝都不会用，再加上快手和微信是打通的，买东西也很方便，所以快手平台上的很多用户，日常生活的购物需求都是在快手上解决的。

通过这些数据可以得到以下信息：在抖音上推销，要给商品赋予精神层面的意义；而在快手上带货，实用性和价格是第一要素。这对于主播选择平台是非常有意义的，比如：如果 Morton 想通过短视频推销厨房用品，那么抖音符合他的目标受众画像的人会更多；如果 Zebulon 想通过短视频推销男士洗面奶，那么快手上符合他的目标受众画像的人会更多。

## 14.6 产品售价销量排行

在产品售价销量排行指标中，抖音和快手的差别非常大。

在抖音平台上，销量较好的商品，有将近 85% 都是在 200 元以下，也就是说 200 元是抖音用户冲动消费的“刹车线”。简单来说就是“200 元以下的看上就买，200 元以上先看看再买”。但相对快手而言，抖音用户对商品价格的接受度较大，敏感度更低。

而快手平台上，30—50 元钱的产品销量最好，占到将近 46%，其次是 30 元以下的产品，然后是 50—80 元的货品，可见快手平台上的主播主要是以跑量取胜。在快手平台上有很多主播是开工厂的小老板，他们在直播间里，或者直接在工厂里带货，给观众的暗示就是：“我这儿是工厂价，

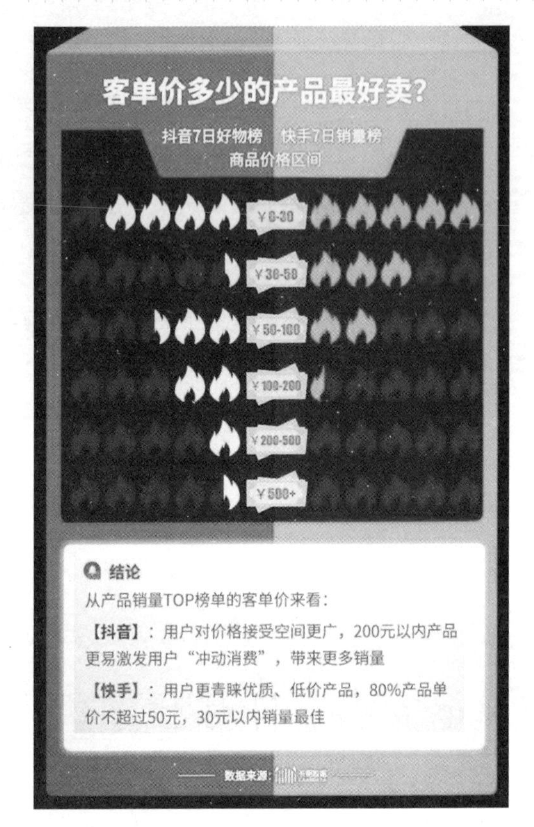


图 14-9 抖音和快手平台上客单价多少的产品最好卖

肯定是最便宜的。”

整体来说，抖音的主播变现要比快手更好。主要原因还是快手上的主播很多都是从草根而来，商业化程度普遍比抖音要低一些，包装能力和广告能力都相对较弱。

通过这些数据可以得到以下信息：抖音的用户，对价格敏感度比较低，200 块钱是“冲动消费”的刹车线；快手用户，对价格敏感度较高，30—80 元钱的消费占绝大多数。这对于货源型主播选择平台是非常有意义的，比如：如果 Ford 想通过短视频推销 150 元到 180 元区间的不粘锅，那么抖音平台将会是他的首选。

## 14.7 带货账号粉丝量

带货账号粉丝量这个指标是很多货源型主播非常关心的指标，因为它代表着主播达到多少粉丝才可以带货。通常情况下都认为，当然是粉丝量越高，带货能力越强。那么，果真是这样的吗？请看以下数据。

抖音和快手平台上，带货能力最强的 100 个账号，大都是集中在 10 万—300 万粉丝这个群体上的。

但是在抖音平台上，带货较强的账号，10 万—100 万粉丝的账号最多。

而在快手平台上，带货较强的账号，100 万—300 万粉丝的账号最多。

通过数据分析还可以得出，抖音的爆款更多，涨粉速度更快，是快手的将近 2 倍。

所以，并不一定是粉丝量越大，带货能力就越强，带货变现效果主要还是看主播的粉丝质量和垂直度[1]。

通过这些数据可以得到以下信息：抖音的“带货门槛低”，10 万粉以上就可以高质量带货了；而快手的“头部效应强”，100 万粉以上更有优势。这些信息对于货源型主播选择平台是非常有意义的，如果主播初涉短视频领域，想尽快达到变现目的的话，那么带货门槛较低的抖音平台会是更好的选择。

---

1　垂直度：这里是指粉丝群体中，垂直用户的比例。

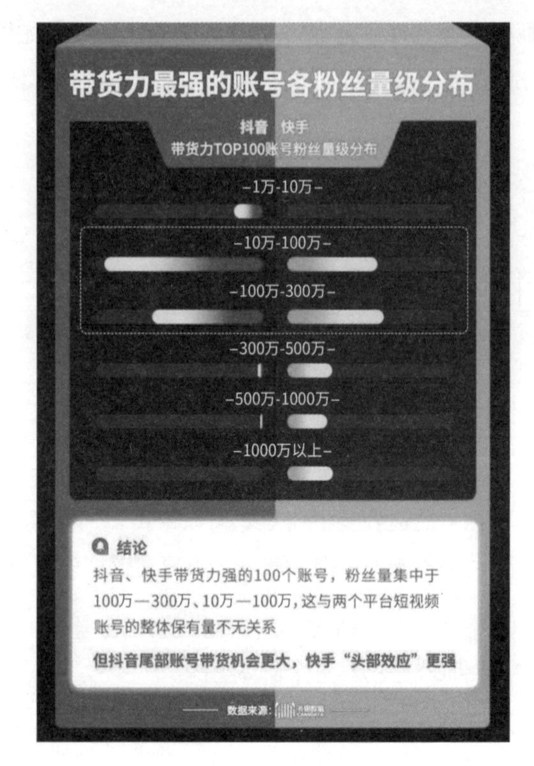


图 14-10　抖音和快手平台带货力最强的账号粉丝量级分布

## 14.8 带货能力最强的账号类型

带货能力最强的账号类型分布也是许多主播们非常关心的问题，因为这代表了带货的趋势，选择发展面更大的类目，可以让自己的带货路径更长。

在图 14-11 中，左栏部分代表的是抖音，

图 14-11　抖音和快手带货力最强账号内容类型分布对比

右栏部分代表是快手。

在抖音平台上，剧情 / 段子、种草 / 开箱、动画 / 漫画 / 绘画、时尚穿搭这 4 大类账号带货能力最强，占比最多达到了 45%，接近一半。

在快手中，穿搭 / 时尚、美食、生活记录和美女类（小姐姐）这 4 大类账号带货能力最强，占比达到了一半以上。

这些数据对于货源型主播选择平台是非常有意义的，比如：如果

Sadie 善于做剧情演绎类的视频，那么抖音是他通过带货变现的首选平台；如果 Tanner 善于做时尚穿搭相关的短视频，那么快手是她通过带货变现的首选平台。

以上通过“用户画像”“粉丝互动行为偏好”“粉丝黏性”“涨粉最快账号类型”“产品类型销量排行”“产品售价销量排行”“带货账号粉丝量”“带货能力最强的账号类型”这 8 个指标，对快手和抖音进行了对比，这 8 个指标都是在平台表面数据层的对比，接下来通过“短视频推荐机制”和“平台底层定位”这两个指标，对平台底层逻辑进行对比。

## 14.9 短视频推荐机制

抖音和快手平台的推荐机制完全不同。如果 Mike 在抖音上发布一个短视频，很多人给他转发和点赞，那么按照抖音的推荐机制，它就会一直给这条短视频推荐，尽量让所有可能喜欢看这类内容的人都能看到。所以，在抖音默认的推荐首页中的短视频点赞数大都在几十万，甚至是上百万的。

快手平台就完全不同了。如果 Mike 在快手上发一个短视频，即便内容再好，按照快手的推荐机制，它也不会一直给这条短视频推荐，因为发视频的人很多，快手需要保证每个人发的视频都尽可能被喜欢的人看到，所以它会尽量避免部分的内容一直被置顶。所以在快手的推荐首页中，视频获赞数基本在 1 万到 10 万之间，有些甚至不足 1 万，获赞 10 万以上的视频不多见。

而且，在抖音中还有一个特殊的“召回机制”，那就是，抖音会监测几个月前的短视频，如果它发现这个短视频的质量很好，会再次进行推荐。而快手则没有这个机制，短视频都是近期发布的，远一点的也在 1 个月以内。

那么抖音和快手的推荐机制是如何运作的呢？下面将进行详细的介绍。

抖音的推荐机制是，它会把新发布的短视频先进行系统筛选，除去违规和明显粗制滥造的短视频，它不对内容质量做任何判断，而是根据创作者的粉丝数量和主播的标签（这个标签不是主播自定义的，是抖音根据主播以往发布的短视频进行自动匹配的）分发给一些可能感兴趣的观众。

图 14-12　抖音会把新发布的短视频分发给可能感兴趣的观众

然后，根据观众的反馈，包括完播率、点赞率、赞评比、转发率、赞粉比和复播率（这些数据将在本书高阶篇中详细介绍）判断短视频是否优质，如果质量不佳，则会被停止推荐；如果质量不错，则会推荐到第一级的流量池，首次曝光的短视频，大约会给到 300 左右的播放量，然后再根据这 300 个观众的反馈，判断是否推荐到下一个等级的流量池。抖音的推荐流量池像一个金字塔，如图 14-13 所示。

每往下一个级别，对于数据的要求也就越高，如果短视频数据在每个等级池中都能达到要求，抖音就会持续将短视频推广到下一级更大的流量池中。抖音平台上的一夜爆火的短视频，很多都是因为满足了层层关卡的要求，才完整地跑遍了整个金字塔。

有时候，某个短视频观众反馈挺好的，播放量也不错，可是到后来却停下来，原因可能是，短视频没达到进入下一级别的数据要求，还有可能就是被人工审核给筛除了。在最开始发布视频时，是由系统检测短视频的内容是否违规，当通过几级流量池后，就会开始人工介入审核了，人工审核中，会存在一定程度的主观因素，比如，笔者在 2019 年 10 月发的一条短视频，在播放量达到 50 万的时候，突然被限流了，各方面数据都表现得很好，从头到尾逐帧看也没找到原因，最后通过申诉才知道，是笔者在短视频结尾处的一张插图，无意露出了一点点的内裤边，然后就被人工审核给限流了。

通过观察抖音的短视频推荐机制可以发现，抖音更倾向于短视频“内容”，即短视频的“去中心化”，它不会只推荐那些粉丝量多的账号短视频，而是会让更多的粉丝量少的账号同样有机会成长。哪怕只有 100 个粉丝的账号发布一条新的短视频，也有可能一夜之间点击量破百万，登上抖音的推荐首页。

快手平台的推荐宗旨与抖音完全不同，

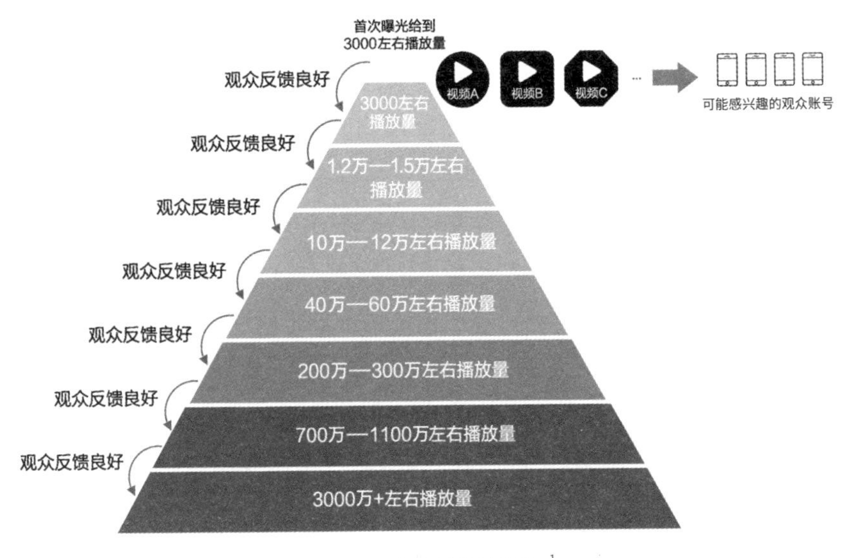


图 14-13　抖音算法流量池[1]

它希望所有的用户都能展示自我，任何一位普通用户都有被关注的权利。一个短视频被发布的同时，快手就将这个短视频进行了分类，然后分配到对应的用户的手中，尽量地让每个主播都有展示的机会。

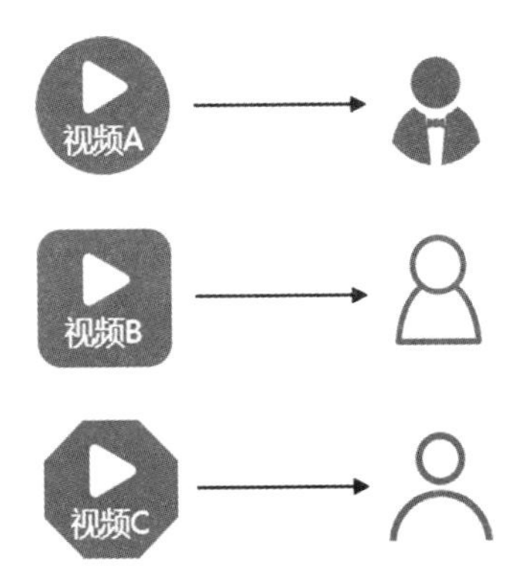


图 14-14　快手平台会把新发布的短视频分发给对应的观众

1　数据来源于搜狐公众平台作者“壁虎看 KOL”发布的文章《抖音月榜上升 76 名，从网红美女到抖音红人，刘思瑶 nice 是怎么火起来的?》。

当主播在快手上发布一个短视频时，平台也会根据数据，将主播推荐给更多的人，但是当播放量推荐到一定数量时，推荐就会终止，播放量就会开始往下走。因为快手不会将流量集中在某一个主播身上，会尽量平均地将资源分配给更多的主播。所以快手的推荐机制并不像抖音那样是一个金字塔型，它更像是一个橄榄球——符合数据的短视频播放量会逐步上升，到一定数量时，就会开始下降。

当短视频的播放量开始下降的时候，快手上的主播们为了能够绑定观众，让这些观众可以下次再来观看他发布的短视频，通常都会和观众互动，展开更频繁、更深的交流，让观众更加认可主播的人设，也即，快手平台上的主播更倾向于打造“人设”。

## 14.10 平台底层定位

抖音和快手平台的底层定位是完全不同的，抖音的底层定位是以短视频为主，强调短视频的内容；而快手的底层定位是以社交为主，强调主播的人设。

抖音是以短视频内容作为绝对的重心，

围绕内容打造大 V，所以抖音的社交属性较弱。比如，笔者在抖音平台上和粉丝的互动就不多，因为是否与粉丝的互动，并不会影响短视频的播放量。因其特定的推荐机制，导致抖音上的主播很难开展社交，所以一款新的 APP“多闪”被开发出来，就是为了弥补其社交方面的不足。

快手平台则不同，它是通过社交的方式绑定用户，走的是社群路线，还有很多社交圈是围绕着同城展开的，这也就是我们在前文提到过的，快手平台会有那种“亲人”般的文化氛围的原因所在。

正是因为平台的底层定位不同，才导致了抖音和快手的首页视频交互方式的不同，以及搜索结果页面的不同。打开抖音，呈现出来的是单个视频展示界面，并且是自动播放的，如果观众需要看下一个视频，只需要下滑即可。而打开快手后，呈现出来的是“瀑布流”般的展示界面，屏幕中会出现多个短视频，若要浏览某个短视频，需要单击才可以打开。

这种首页视频交互的不同展示，正是源于平台的底层定位。抖音以内容为中心，推荐给用户的内容非常精准，上下滑动的交互方式最大化

图 14-15　抖音和快手平台的首页视频交互方式不同

地降低了观众浏览短视频的成本。就如同打造了一种类似“嗑瓜子”似的沉浸式体验——根本停不下来。在嗑瓜子的时候，抓起瓜子是非常简单的，而且用牙嗑开就能马上吃到瓜子仁，得到即时的反馈，瓜子的酥脆甘香，令人心满意足，所以就会再抓取第二颗瓜子，如此循环往复，不知不觉间，两三斤瓜子就吃没了。

刷抖音和嗑瓜子一样，通过下刷就能切换到下一个短视频，简单便捷，不用做任何操作就可以自动播放，从而得到即时的反馈，短视频的内容好看有趣，让人心满意足，所以会再下刷，观看下一个短视频，如此循环往复，不知不觉间，两三个小时就过去了。

而快手平台的机制并不鼓励观众一直刷视频，它更鼓励观众去互动，建立人际关系，打造社群文化，所以快手平台上的视频，往下滑就是评论区。许多习惯刷抖音的观众打开快手平台时，就会觉得很别扭，浏览习惯完全不同，看了几个就不想看了。其实快手也可以像抖音一样变成下滑模式，只是需要去单独设置一下。

抖音和快手平台的底层定位不同，除了导致首页视频交互方式不同之外，也导致了搜索结果页面的不同。在抖音平台的搜索页面，采用的是单列显示，短视频会尽可能地铺满屏幕并且自动播放，它的潜台词就是“我懂你，我推荐的视频你肯定喜欢看”；而快手平台采用的则是双列显

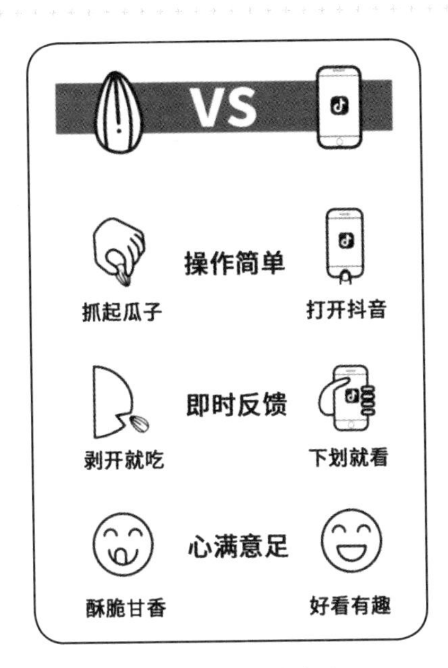


图 14-16　抖音就像嗑瓜子

示，会在屏幕中尽可能地展示更多的短视频，需要单击某个短视频后才能浏览，它的潜台词是："我尊重你的选择，你自己来选择你喜欢看的视频。"

通过对平台底层定位的分析，得出以上这些对比信息，对主播选择平台有非常大的意义：如果主播擅长做内容，不想花费太多精力在社交上，就选择抖音平台；如果主播更擅长与人打交道，愿意花费更多的精力在社交上，就选择快手平台。

那么，主播能不能两个平台都做呢？每创作一个短视频，就同时发布到两个平台上，岂不是用最少的精力，能吸引到两个平台的观众？事实是：如果两个平台都做，精力会花费更多。原因主要有以下三点。

1. 两个平台的观众不一样，喜欢的东西不一样，同一个短视频无法在两个平台都火爆。

2. 两个平台的底层定位不一样，抖音平台重内容，主播需要花费精力

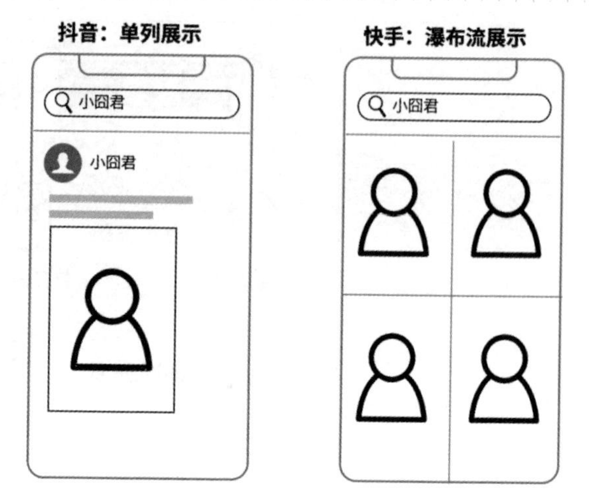


图 14-17　抖音和快手的搜索结果页面不同

在短视频创作上；快手平台重人设，主播需要花费精力在与粉丝的互动上。

3. 两个平台都有筛查机制，如果主播不做任何处理就上传相同的短视频到抖音和快手两个平台，一旦被平台监测到，就不会分配给主播更多的流量。

所以，如果抖音和快手两个平台都想做，须花费更多的时间和精力。从投入回报比的角度来说，笔者更建议主播在抖音和快手平台中选择一个。

在“平台”中，主播如果偏重人设，则优选快手；如果偏重内容，则优选抖音。

快手平台偏重人设的打造，所以其平台上的爆款短视频汽车模型，车型就更像是一辆皮卡，它很接地气，可以带很多的货。抖音平台偏重短视频内容的打造，所以其平台上的爆款短视频汽车模型，车型就更像是一辆 SUV，它更重表达，你可以尽情展示自己的风格。

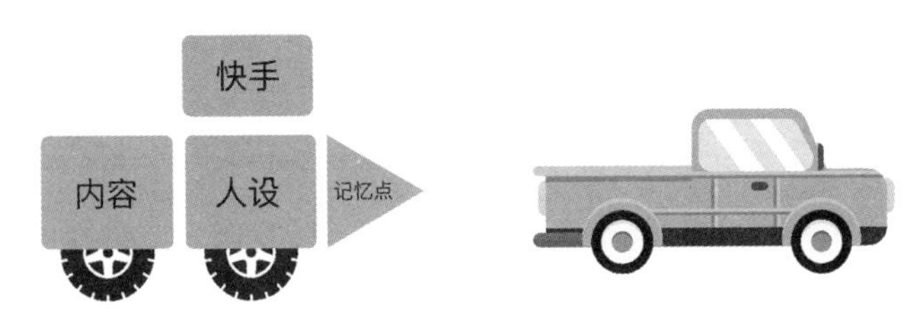


图 14-18　快手平台上“短视频皮卡汽车”模型

图 14-19　抖音平台上“短视频 SUV 汽车模型”

以上通过“用户画像”“粉丝互动行为偏好”“粉丝黏性”“涨粉最快账号类型”“产品类型销量排行”“产品售价销量排行”“带货账号粉丝量”“带货能力最强的账号类型”“短视频推荐机制”“平台底层定位”这 10 个指标，全面分析了抖音和快手这两个平台，协助主播全面了解这两个平台，并帮助主播选择更利于自己短视频发展的决策。当主播确定好发展平台之后，整个爆款短视频汽车模型就已经成型了。还剩下一个要点，就是下文将要详细剖析的：可以“锦上添花”的“记忆点”。

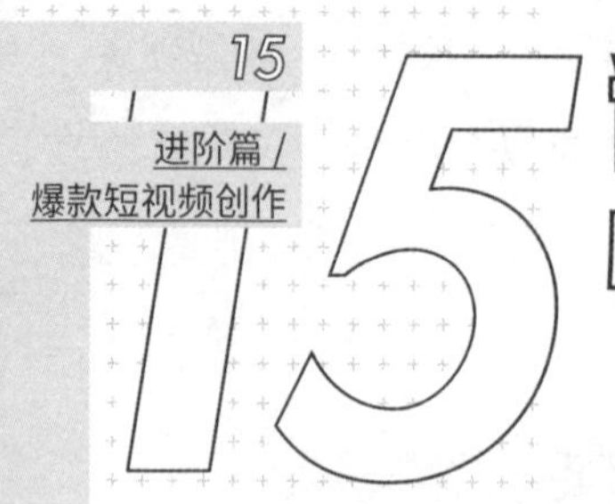

# 记忆点：设计观众记忆点，强化自身人设

前文对爆款短视频汽车模型中的内容、人设和平台一一进行了讲解，本章将详细介绍爆款短视频汽车模型中的最后一个模块：“记忆点”。“记忆点”作为爆款短视频汽车模型的车头部位，它不像汽车油箱（内容）和汽车发动机（人设）那样，是必需品，但是如果把它设计成一个流线非常好的车头，那么它会让汽车阻力更小，开得更快更远。

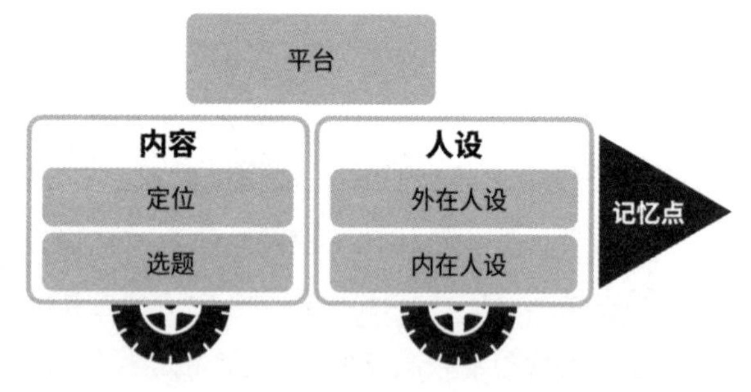


图 15-1 “记忆点”在爆款短视频汽车模型中的位置

记忆点是指人设中能让人留下印象的元素。在介绍如何打造“人设”的章节中，将“短视频”和“漫威电影”进行了类比，人设就像是漫威电影里的各路英雄，那么，记忆点就是这些英雄的典型特征。“美国队长”的记忆点是盾牌，“雷神”

的记忆点是锤子，“钢铁侠”的记忆点是头盔，等等，这些特征深深地印在每一个观众心中，对这些英雄的人设有极大的强化作用，形成了他们独特的IP。也就是说，记忆点是用来强化主播人设的一个非常重要的手段。

在短视频平台上的很多大 IP，都会拥有自己独特的记忆点，比如，麻辣德子的“双手合十”，毛毛姐的一头“红发”，“朱一旦”的“劳力士手表”，等等，他们会在每一期的短视频中将这些“记忆点”呈现出来，这些记忆点是他们人设中最大的亮点，在他们走红的过程中发挥了很大的作用。

下面将介绍五种记忆点的打造方法，分别是：外形、表情、动作、口号和 BGM（背景音乐）。把握好这五种记忆点，按图索骥，可以帮助主播快速强化自身人设，让观众对主播过目不忘。

## 15.1 打造记忆点——外形

外形是打造观众记忆点最直观的方式，观众还没有听到主播的声音，没有看完短视频的内容，就已经注意到主播的服装配饰了。举两个抖音上的例子：“多余和毛毛姐”以及“朱一旦”。“多余和毛毛姐”的“一头红发”就是他的记忆点，是平常在生活中见不到的，让观众眼前一亮。“朱一旦”的“劳力士手表”是他的记忆点，他穿着朴实无华，略微显得平淡，但是这个劳力士手表就非常亮眼，很容易让观众记住。

主播在通过外形打造人设记忆点时，需要注意以下两点。

首先，不要偏离人设，比如“毛毛姐”的人设是“洒脱幽默”，他用一头标志性的红发作为记忆点，就符合他的人设打造。朱一旦的人设是“有钱人的快乐”，而记忆点“劳力士手表”就非常好地补充了他的人设特点，而且一般人还买不起这么贵的“记忆点”，无法被轻易复制。

其次，在通过服装配饰打造记忆点时，不能穿戴得过于“花里胡哨”，有人可能觉得，穿得越花哨越引人注意，其实恰恰相反，因为全身都是亮点，那就等于没有亮点，就没有记忆点了。相反，万绿丛中一点红，恰到好处的点缀，才是突出的“记忆点”。

## 15.2 打造记忆点——表情

打造表情和打造外形一样，也是通过刺激视觉的方式引起观众的注意，从而打造人设的记忆点。举两个抖音上的例子：“代古拉 K”和“夏同学”。“代古拉 K”的“治愈系的笑容”就是她的记忆点；“夏同学”的“搞怪眨眼”就是他的记忆点。许多观众被他们的这些记忆点打动而被瞬间圈粉。

表情打造记忆点可以分为两类，一类是天生就比较有吸引力的表情，比如代古拉 K 治愈系的笑容，很多观众都是被这个小姑娘的笑容吸粉的；另一类就是刻意制造的表情，一般会根据短视频的内容来设计，最后作为视频的升华，比如刚才提到的“夏同学”。

通过表情打造记忆点时需要注意："表情一定要自然"，因为短视频平台是一个素人平台，短视频的观众都喜欢真实的东西。哪怕是搞笑的视频，也切忌矫揉造作，不真实的表情不但成不了"记忆点"，有可能会成为笑点甚至污点。

## 15.3 打造记忆点——动作

打造"动作"，也是通过刺激观众的视觉来引起注意，从而打造人设记忆点。举两个抖音上的例子："尬演 7 段"以及"麻辣德子"。"尬演 7 段"的"扭动脖子"动作就是他的记忆点；"麻辣德子"的"双手合十"的动作就是他的记忆点，每次笔者看到"麻辣德子"的视频时，就等着看他最后的"双手合十"动作。

主播通过动作打造记忆点时，须注意两点，一是动作的幅度不要太小，而且要有辨识度，简单的手指弯曲或者基础的手势动作，不足以引起观众的注意；二是要符合短视频的人设特点。

## 15.4 打造记忆点——口号

通过外形、表情和动作来打造人设的记忆点，都需要观众通过"看"去辨识的，而"口号"则是通过"听"来刺激观众的辨识度，从而打造人设的记忆点。举两个抖音上的例子："papi 酱" 以及 "奥利给大叔"。"papi 酱" 的口号 "一个集美貌与才华于一身的女子" 就是她的人设记忆点；"奥利给大叔" 的口号 "奥利给" 就是他的人设记忆点，甚至有很多人是先听过这个口号，然后再知道这个人的，这就是口号作为记忆点的魔力。

主播在采用 "口号" 作为记忆点时，可以有三种方式，一种是通过自己的身份特点设计口号，比如 "古灵精怪的戏精穿搭师"，就是将自己的特点 "古灵精怪的戏精" 加上自己的身份 "穿搭师" 设计出口号来的；再比如，"全网最懂你的美食家"，就是将主播自己的特点 "全网最懂你"，加上自己的身份 "美食家" 设计出口号来的。另一种方式，是以口头禅的方式来设计口号，比如 "奥利给大叔" 豪迈的口头禅 "奥利给" 成为他的人设记忆点，而且和他 "激扬澎湃" 的短视频风格很吻合。还有一种方式，就是结合主播短视频的内容，能给观众带来什么，比如说 "关注我，每天教你一个育儿小知识" 等。

## 15.5 打造记忆点——BGM

设计打造人设记忆点的最后一种方法，也

是通过刺激观众的“听”，来提高辨识度的，那就是“BGM”(背景音乐)。举两个抖音上的例子：“白毛毛”以及“黑旗v革革”，他们都用了“Touch the Sky”这首BGM作为短视频的记忆点。

在前文入门篇中提到，任何剧情结合当下火爆的BGM，短视频很容易就会成为爆款，许多观众甚至一听到这首BGM，不管什么剧情都会想看下去，看看又会有什么搞笑的结局出现。而通过BGM打造记忆点，与制作一个爆款短视频是截然不同的。通过最热门的BGM来打造短视频，是蹭了某个BGM的热度。但是，即使是最热门的BGM，也有一个时效性，也许一周后，这首BGM就不再流行了，但是作为记忆点来说，BGM又要不断地出现在主播的每一期短视频中，来强化观众的认知，一周后，观众又听到了过时的BGM，就会产生“这个短视频过时了”的错觉，从而直接跳过了当前短视频。所以说，拿当下热门的BGM做记忆点是不合适的。

如果主播想通过BGM打造记忆点，建议采用IP类影视剧或者动画片的插曲。比如：“夏同学”的短视频里，采用的是《名侦探柯南》的音乐作为BGM打造短视频记忆点；朱一旦的短视频，采用的周星驰《国产凌凌漆》电影里的经典插曲作为其短视频的记忆点。这类BGM很受欢迎，而且不容易过时。

前文提到，“夏同学”通过“搞怪眨眼”这个表情来打造他的人设记忆点，“朱一旦”通过“劳力士手表”打造了他的人设记忆点，怎么他们还会有BGM这个记忆点呢？因为“外形”“表情”“动作”“口号”“BGM”这五个方法并非完全是独立使用的，它们是可以重叠运用的。“夏同学”通过“搞怪眨眼”这个表情，和《名侦探柯南》的BGM的结合，形成了更独特的人设记忆点；“朱一旦”通过“劳力士手表”这个外形，同时采用《国产凌凌漆》里的音乐做BGM，二者结合，构成了辨识度极高的人设记忆点。

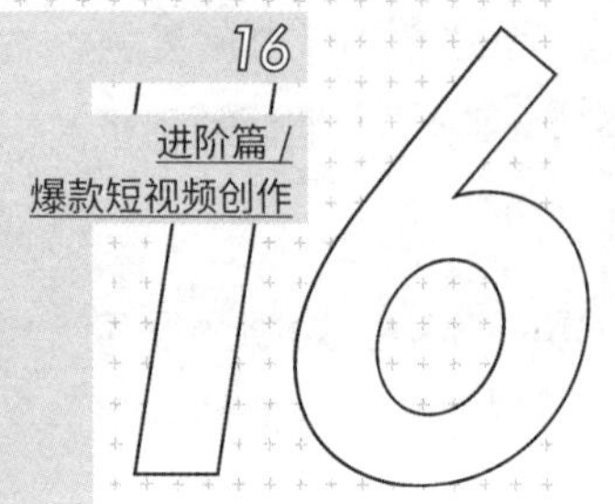

# 一张表格设计汽车模型

前文详细介绍了“定位”“选题”“人设”“平台”“记忆点”，这些组合在一起就是完整的一个爆款短视频汽车模型。

许多主播在短视频制作的道路上发展得不好，就是因为这辆汽车没有设计好，要么就是内容出了问题，油箱没油，导致走得不够远，要么就是人设出了问题，导致动力不足，没法开得更快。那么，怎样才能将这辆汽车设计得完美一些，让自己可以在短视频道路上走得又快又远呢？

汽车模型由四个部分组成，内容、人设、发展平台和记忆点，其中内容可以拆分为定位和选题。

在“定位”时，通过“定位人才类型”、“短视频初步发展路径三维度分析”、“拟定初步的发展路径”，以及“通过‘主播排行榜’寻找自己对标的头部大号”、“头部账号的三个对比指标分析”、“优选出 3—5 个有价值的账号”、“短视频发展路径可行性的四个指标分析”等以上几个步骤，最终找到一个符合自身优势，且成功概

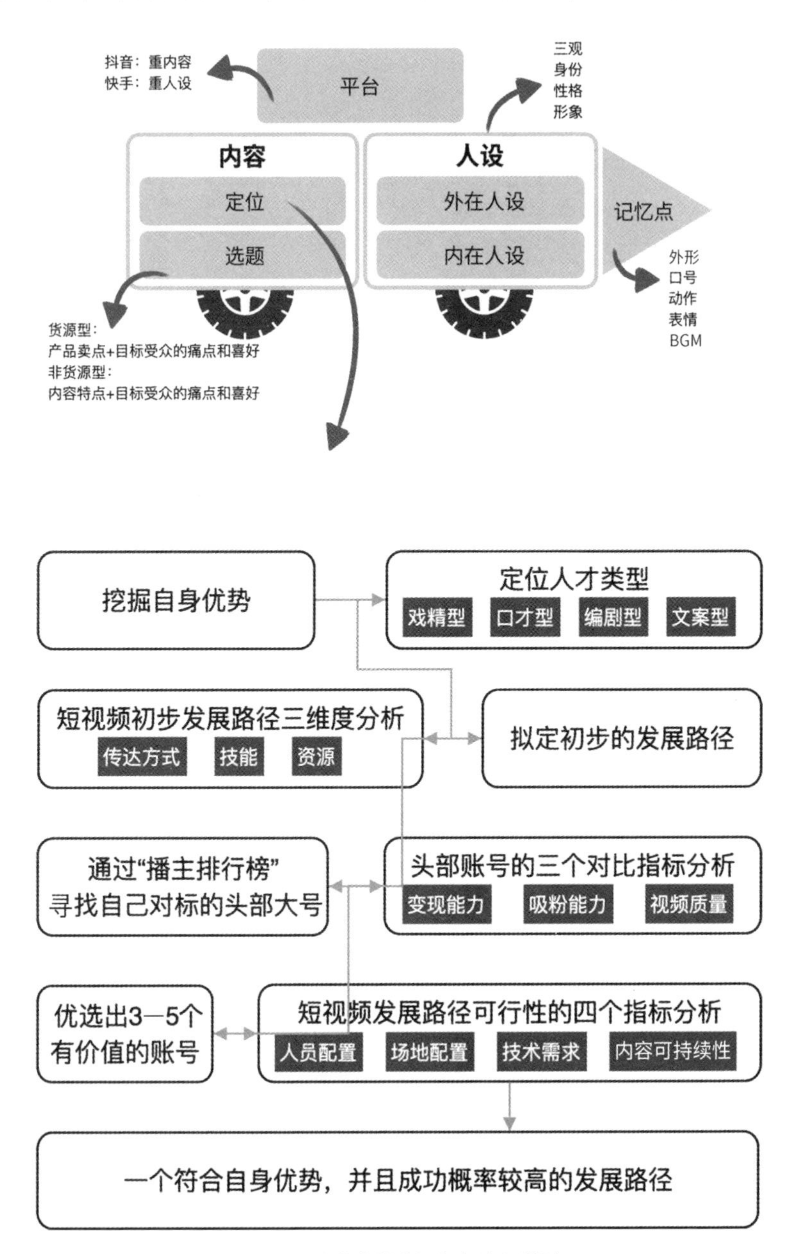


图 16-1　完整的爆款短视频汽车模型

率较高的发展路径。

在确定“选题”阶段，结合主播自身优势和观众的需求，确定自己的内容选题，货源型主播选题应是“产品卖点”和“目标受众的痛点和喜好”的结合，非货源型主播选题应是“内容特点”和“目标受众的痛点和喜好”的结合。

在确定“人设”的过程中，主播需要给自己定义一个相对稳定的三观，然后由内而外地定义自己的身份、性格和形象。并且人设需要为内容服务，人设是短视频内容的代言人。

在对“平台”的选择过程中，主播如果偏重人设，则优选快手；如果偏重内容，则优选抖音。

快手平台的短视频偏人设，所以在它的平台上，爆款短视频的汽车模型，车型就更像是一辆皮卡，它很接地气，可以带很多的货。

抖音平台的短视频重内容，所以在它的平台上，爆款短视频的汽车模型，车型就更像是一辆 SUV，它更重表达，你可以尽情展示你的风格。

在打造“记忆点”的过程中，主播可以通过外形、口号、动作、表情和 BGM 来打造辨识度极高的记忆点。

为了方便主播可以快速系统地设计出一个可以走得又快又远的汽车，本书提供了以下表格，供主播填写。

表 16-1　一张表格设计爆款短视频汽车模型

<table>
<tr><td rowspan="8">内容</td><td rowspan="5">定位</td><td>人才类型</td><td>□戏精型 □口才型 □编剧型 □文案型</td></tr>
<tr><td rowspan="3">对标的头部大号</td><td>1</td></tr>
<tr><td>2</td></tr>
<tr><td>3</td></tr>
<tr><td>符合自身优势，并且成功概率较高的发展路径</td><td></td></tr>
<tr><td rowspan="3">选题</td><td rowspan="3">□ 货源型主播<br>□ 非货源型主播</td><td>选题 1：</td></tr>
<tr><td>选题 2：</td></tr>
<tr><td>选题 3：</td></tr>
<tr><td rowspan="4">人设</td><td>内在</td><td>三观</td><td></td></tr>
<tr><td rowspan="3">外在</td><td>身份</td><td></td></tr>
<tr><td>性格</td><td></td></tr>
<tr><td>外表</td><td></td></tr>
<tr><td>平台</td><td colspan="2">抖音 / 快手 / 其他</td><td>□抖音 □快手 □其他________</td></tr>
<tr><td>记忆点</td><td colspan="2">外形 / 表情 / 动作 / 口号 /BGM</td><td>□外形 □表情 □动作 □口号 □ BGM</td></tr>
</table>

比如，主播 Trouble 的汽车模型表填写如表 16-2 所示。

本章节的内容较为丰富，而且为了确保主播能够顺利地制作出完美的汽车模型，在每个小结中都有相应的表格，帮助主播梳理逻辑和思路，并且在最后通过一张罗列所有重点的表格，将主播的爆款短视频汽车模型可视化地填写了出来。通过打造爆款短视频汽车模型，可以让主播在短视频的道路上走得又快又远。如果主播期望和笔者一样，拥有百万粉丝甚至千万粉丝，可以参看下文的高阶篇。

A COMPLETE GUIDE TO VIDEO CLIPS

表 16-2 爆款短视频汽车模型表案例

| 内容 | 定位 | 人才类型 | □戏精型 ☑ 口才型<br>□编剧型 □文案型 |
|---|---|---|---|
| | | 对标的头部大号 | 1．九九在这 |
| | | | 2．乔乔儿穿搭分享 |
| | | | 3．金大班 365 天穿搭记 |
| | | 符合自身优势，并且成功概率较高的发展路径 | 通过试穿服装前后对比效果，对镜解说服装穿搭技巧 |
| | 选题 | ☑货源型主播<br>□非货源型主播 | 选题 1：谁说吃货就不能拥有好身材 |
| | | | 选题 2：十二星座适合的穿搭技巧 |
| | | | 选题 3：穿得这么精炼，面试你就成功了一半 |
| 人设 | 内在 | 三观 | 每个女人都可以很精致 |
| | 外在 | 身份 | 穿搭达人 |
| | | 性格 | 知心大姐姐 |
| | | 外表 | 时尚、爱笑、有亲和力 |
| 平台 | 抖音 / 快手 / 其他 | | ☑抖音 □快手 □其他______ |
| 记忆点 | 外形 / 表情 / 动作 / 口号 /BGM | | □外形 □表情 ☑动作<br>☑口号 □BGM<br>口号：学穿搭就找我吧<br>动作：手做比心 |

# 悟道：酒香也怕巷子深，放大自己，机会才会找上门

“酒香不怕巷子深”是我们耳熟能详的俗语，然而这句话放到现在这个时代背景下来看，笔者认为显然已经不合时宜了。

笔者的一个朋友 Greer 是一位 IT 工程师，他从小学习成绩就非常好，高考直接保送到了省重点大学，毕业后在上海工作。他每天都会自愿加班到晚上 10 点以后，周末还经常会到公司加班，领导表示很欣赏他的能力。但 5 年过去了，他还是没有升职加薪的机会，他父母每次都皱着眉头和他说“你是不是应该和领导提提？要不行咱投简历换份工作也行啊。”但他从来不屑一顾，说“酒香不怕巷子深”。

真的是如此吗？现在的社会环境下，像 Greer 这样，具有 IT 工程师技能的人有多少呢？也许有 1000 个、10000 个，而对 IT 工程师技能有需求的企业主有多少呢？可能只有 100 个，那么问题来了：这 100 个有 IT 需求的企业主怎么能找到这 10000 个拥有 IT 工程师技能的人呢？更准确些，这个问题应该被描述为：“这

100 个有 IT 需求的企业主怎么筛选这 10000 个拥有这项技能的人呢？”因为供大于求了，有需求的企业主，当然成了香饽饽，被这 10000 个拥有这项技能的提供者追捧。

这 10000 个 IT 工程师，能像 Greer 一样，都是技术超群的人吗？不一定。而且按照笔者对 Greer 的了解，他应该是行业里的佼佼者，那么，100 个有需求的企业主会来找他吗？不会，因为这些企业主根本不知道有 Greer 的存在。笔者相信，如果这 100 个企业主知道了 Greer 的存在，那么他们会毫不犹豫地选择 Greer。

可是 Greer 怎么样能够让这 100 个有需求的企业主知道他呢？投简历？上招聘网站？参加招聘会？联系猎头？也许他能找到二三十个有需求的企业主，他可以获得更好的职业机会。

可是，所有的人都像 Greer 一样，是行业中的佼佼者吗？Eddy 擅长微信社群运营，但会微信社群运营的人有好几万；Moon 精通平面设计，可会平面设计的人有十几万；Hale 的沟通能力非常强，可沟通能力强的人有几百万。他们怎么才能从成千上万的竞争者中脱颖而出呢？

笔者在成都的学员 Lilly，她是一个大学本科毕业生，拥有“计算机”专业和“设计”专业的双学位，在前程无忧、58 同城、Boss 直聘等平台上投了半年简历都没有找到一份实习工作，偶然的一个机会，在抖音上做起了设计和计算机教学，三个月时间里，她的粉丝量达到 15 万，短视频总浏览量破了 200 万，其间她接到了好几个广告邀约，并且收到好几个公司老板的合伙人邀请。她最终选择了一家公司，现在发展得非常好。

通过对比笔者的好友 Greer 和笔者的学员 Lilly 的职业经历，我们发现，“酒香也怕巷子深”。原因有二：一是因为现如今，酒太多了，拿点基酒勾兑一些水就说自己是好酒；二是因为大家都很忙，没有时间和精力去钻到九曲十八弯的巷子里找酒。

许多人在自己的职场里混迹多年，但接触的人都不超过 100 个，圈子很小，怎么可能有机会接触到更多的机会？好项目早就被人抢光了，而自己这碗自认为很好的“酒”，早就在巷子里被遗忘了。

自媒体是一个把“酒”放到“路口”的最佳捷径，在这里，任何人都可以充分和这个世界建立链接。以往投个简历，还得要看自己的简历能不能被 HR 打开，能不能被 HR 仔细查看；现在根本不用别人“主动”地花心思花精力去了解自己，只需要秀出自己的才能，就有机会被无数的人看到，可能对你的能力感兴趣，向你抛来了橄榄枝；可能对你的粉丝感兴趣，想让你接广告；可能对你的综合实力感兴趣，想和你合伙做项目；甚至可能是对你的个人感兴趣，想和你过一辈子。这些收益是不可估量的，成长速度是指数级的。到那时，你也许应该要感谢那些在巷子里等他人来寻觅的酒，因为是他们的默默无闻，才让你少了很多竞争对手。

# 高阶篇 / 百万粉丝账号

在以下章节中，将会详细介绍百万粉丝账号的打造方法，包括：五维包装短视频主页、三步制作半原创作品、六大指标助力爆款短视频，以及三维数据分析造就百万粉丝。

# 五维包装短视频主页，提高转粉率

当主播的目标是打造一个百万粉丝的账号时，那么首先要做的就是，把最基础的短视频账号视觉界面做得专业，然后再逐步提升。短视频的账号界面，就是指主播自己的短视频主页。

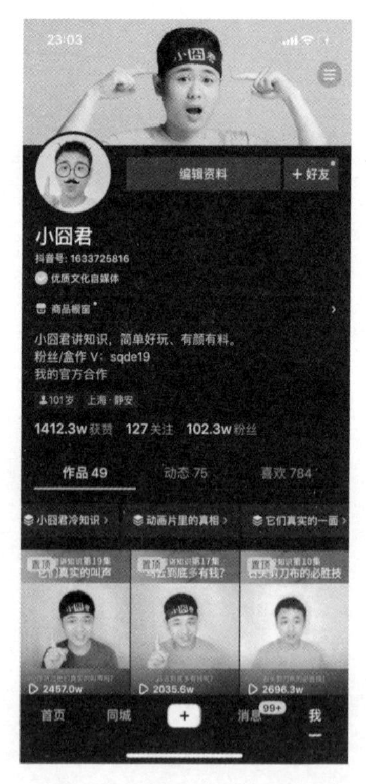


图 18-1　小囧君抖音账号主页示例

短视频主页虽然不像短视频本身那样，可以直接传达主播的核心内容，但主页会在观众转变为粉丝的过程中，起到至关重要的作用。为什么这么说呢？首先需要思考：在什么情况下，观众会进到主播的主页？可能是搜索账号，也可能是好友推荐，而最常见的就是通过主播的短视频进入到主播的主页。

笔者没有找到官方发布的相关数据，但通过对不同类目的达人账号进行后台数据的统计，得到了一个让人有些意外的数据：通过短视频进入主播主页的比例竟然达到了 1%—3%，也就是说，100 次播放，就有 1—3 个人会点进主播的主页，这个数字非常高，已经基本与点赞率持平了。

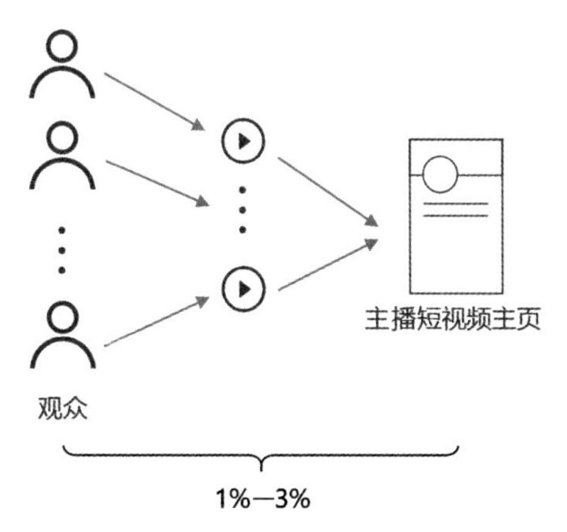


图 18-2　1%—3% 的观众会通过短视频到达主播主页

那么这 1%—3% 通过短视频进入到主播主页的观众，他们的心态和诉求是什么呢？是短视频勾起了他们对主播的好奇心，所以观众想进一步看看主播其他的精彩内容？还是觉得主播这个人很有趣，想了解更多？

如果主播的主页可以满足观众的预期，甚至给他带来更多的惊喜，让他看到精彩的内容和有趣的人设，那么极大概率下他会点击“关注”，从观众变成一名粉丝。而这一切根本就不需要主播参与，不需要主播和粉丝互动，只需要主播把自己的主页设置完就可以了，基本属于“一劳永逸”。

许多主播没有意识到这一点，导致了 1%—3% 的高意向目标观众白白流失，错过了转为粉丝的最佳时机。

除此之外，主播主页的作用，远不止“转粉”这一个，它还能极大地助力主播强化自己的人设，通过主页上的头像、封面、头图等元素，可以更大程度地把自己的人设注入粉丝的潜意识里，加深粉丝对主播的记忆，从而形成更好的黏性。

不管哪个短视频平台的主播主页，基本上都由头像、昵称、签名、头图和短视频作品封面集这五部分组成的。接下来，我们将会详细介绍主播的短视频主页的设计，并将“爆款短视频汽车模型”中的“内容”、“人设”和“记忆点”贯穿其中。

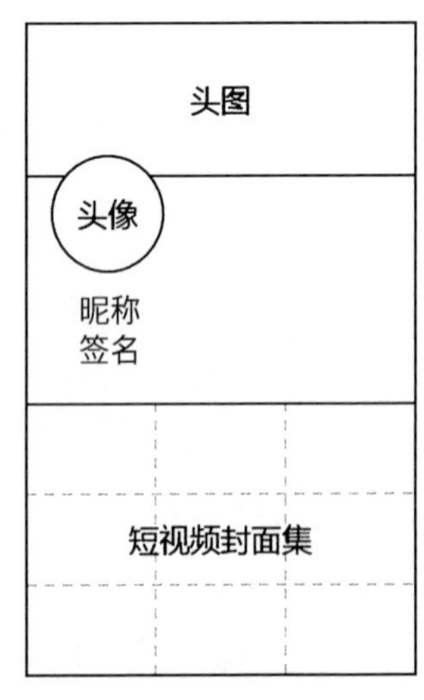


图 18-3　主播短视频主页的构成图

# 18.1 头像

头像虽然不是主播主页最上面的部分，而且在视觉上占的比例很少，也就一个手指头那么大，但是它的曝光范围非常大——除了会出现在主播主页上，还会出现在短视频的播放界面，以及搜索展示页上。虽然它很小，但是识别性很强，甚至可以说它本身就属于主播账号的一个记忆点。

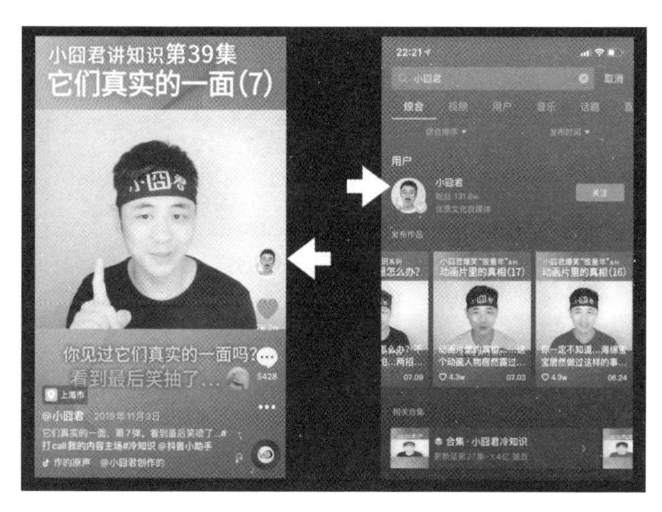


图 18-4　主播头像出现在短视频播放界面及搜索展示页上

作为如此重要的主页组成部分，主播应该选用什么样的图片做头像呢？是用漂亮的阿尔卑斯山脉，还是高大威武的上海环球金融中心呢？为了能够更科学地进行分析，笔者查询调查了抖音和快手的 20 多个领域的头部账号，并且通过对 1000 多个账号的统计和分析，发现企业号大多采用的是公司品牌 LOGO；而个人账号中，有 95% 以上的主播用“人物”做头像，在这 95% 中，有 85% 采用真人大头照和半身照，9% 用的是真人全身照，还有 6% 用的是卡通头像。

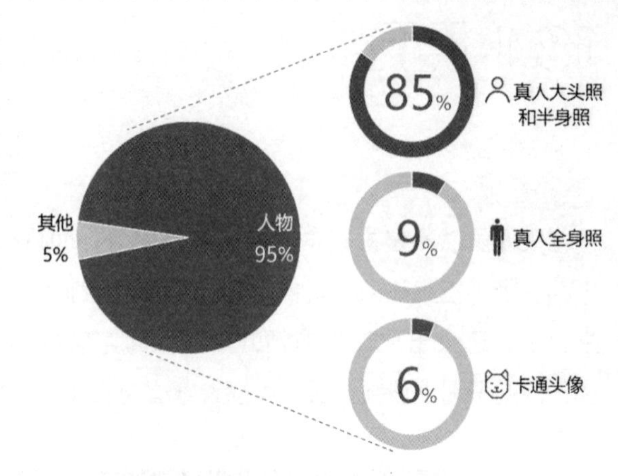


图 18-5　主播个人头像使用情况

大部分主播更愿意选择使用人物做自己主页的头像，是因为主播在短视频平台，除了做内容外，还需要建立“人设”，而选择人物做头像就是强化人设的一种方法。

笔者更建议主播采用真人的大头照或者半身照，以及卡通头像。风景照或者全身照并不适合作为头像，因为风景与主播的人设无关；而全身照，它受限于头像的大小，识别性会很低，在手指头大小的空间里，要展示头、颈、躯干和四肢，就会什么都看不清。

“照片的拍摄技巧”并不是本文关注的重点，本文需要探讨的是要拍什么风格的照片。同样是一个大头照，主播可以笑着拍、哭着拍、歪着头拍，甚至是双目紧闭五官紧缩地拍。笔者建议，头像照片需要根据主播的人设和短视频内容来进行拍摄。

如果主播的人设是“搞怪男孩”，短视频都是搞笑的口才类，那么头像可以采用诙谐幽默的风格，甚至是在脸上贴上两片搞笑的胡须。

如果主播的人设是“情感导师”，短视频都是给观众提供情感类专业知识的教育教学类，那么头像可以采用比较正式且知性的风格。

如果主播的人设是“戏精奶爸”，短视频都是在家里拍摄的剧情演绎类，那么头像可以采用轻松居家的风格，并且把故事的场景作为头像的背景。

由于主播的目标是奔着百万粉丝账号去的，所以可以去找专业的影棚拍摄，拍摄费用基本 300 元左右就可以全部搞定，花 300 元就可以坐享其成地等着观众从主播页直接转化成粉丝，这钱花得绝对是值得的。

大头照和半身照可以找摄影棚拍摄。如果有下列情况的话，比如一些主播不希望观众知道自己真实身份，觉得不适合出镜；或者因为短视频内容的问题，觉得真人头像表达得不到位，这个时候，就可以采用卡通作为头像了。但是主播可能又会困扰于：自己不会画画，而且找到一个满意的设计师又比较难。所以本文将推荐一个手机软件“美图秀秀”，方便主播将自己已有的照片快速变成一个卡通头像。

打开“美图秀秀”软件，从工具箱里找到“绘画机器人”，导入主播的相片，软件就可以帮主播设置各种风格的卡通头像，而且效果都不错。

图 18-6　使用美图秀秀生成卡通头像

## 18.2 昵称

昵称和签名通常会出现在一起，它们通过文字的方式向观众传达信息。昵称和签名不像头像一样会出现在短视频的播放页面，而搜索页面中也只会出现昵称，不会出现签名，所以它们的设置没有太多的限制。

对于昵称来说，笔者的建议是，需要方便粉丝传播和搜索，比如 Major 把自己的昵称设置为"正在努力不倒下的厼団孨小姐姐：-）"，这样的昵称就不太容易传播。第一，文字太长不容易记忆，观众可能需要看 7—8 遍才能把这个昵称记住；第二，文字中的"厼団孨"属于生僻字，绝大部分观众不查字典根本不知道这些字怎么读，那么观众就无法通过搜索找到 Major；第三，文中的"：-）"属于符号，观众同样不能方便地记忆和搜索。

再比如，Neil 把自己的昵称设置为"帅哥"，虽然容易记忆，没有生僻字和符号，但是在搜索"帅哥"的时候，会出现所有包含"帅哥"的主播，可能会出现上百个甚至上千个，本来想通过搜索找到 Neil 的观众怎么也找不到他，反而帮助了其他带"帅哥"的账号涨了粉。

所以笔者建议，昵称的设置需要注意以下三点：第一，短小容易记忆；第二，避免生僻字和符号；第三，搜索时没有重名。

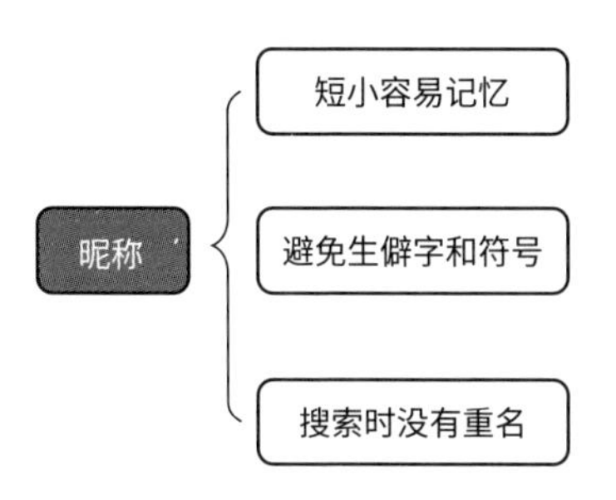


图 18-7 短视频设置昵称的规则

比如笔者的昵称“小囧君”，一看就能知道，容易传播，并且“囧”字还比较特别，有记忆点。

# 18.3 签名

签名相较于昵称，可以输入更多的文字，大多数主播会在以下三种内容中选择一种作为自己的签名：口号、直播公告和微信号。

主播的口号，可以理解为是主播个人的广告语，比如前文提到的“papi 酱”的口号是“一个集美貌与才华于一身的女子”。如果读者不知道自己口号该怎么写，可以查看前文介绍的“爆款短视频汽车模型”中“口号打造记忆点”的相关内容。比如，通过自己的身份特点制作口号的“古灵精怪的戏精穿搭师”，结合短视频内容制作口号的“关注我，每天教你一个育儿小知识”等。通过口号可以让观众一眼就能知道主播短视频的内容和特征，起到强化主播人设的作用。

除了口号外，直播公告也是许多直播达人引流的渠道，他们会在签名里告诉粉丝，自己直播的时间和主题，比如“每晚 8 点准时直播”，这样可以起到一个预告作用，引流喜欢看直播的粉丝可以按时进到主播的直播间。

直播公告是将粉丝引流到直播间里，在签名里放微信号，可以将粉丝引流到主播的微信账号中，但是微信所在的腾讯集团和抖音所在的字节跳动集团，在业务上存在着竞争关系，所以不能直接留“微信”两个字，许多主播都会采用“WX”或“V”来代替。并且当主播的粉丝在 5 万以下时，签名中留有微信号可能会被平台限制。

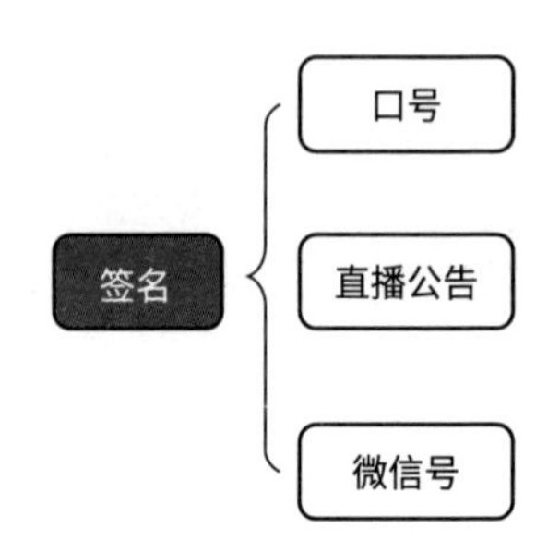


图 18-8　短视频设置签名的三种方式

## 18.4 头图

头图在主播首页的最上面，和“头像”一样，也是用图片向观众传递信息。在抖音中的主播首页是五花八门的，但汇总后可以分为以下两类：引导关注类和加强人设类。所谓引导关注，就是在头图中写上一句话来引导观众单击“关注”成为粉丝，而加强人设就是将头图的内容与自己的人设相匹配。

“引导关注”和“突出人设”这两类，哪一种更好呢？“引导关注”的目的是要“转粉”，笔者特意拿自己的账号做了测试，经过分析发现转粉率基本上没有变化，这背后的原因其实也不难理解：观众进入主播的主页，更多的还是看主播的内容或者主播的人设，喜欢就关注，不喜欢就“再见”。而“引导关注”的一句话既没有突出内容，又没有突出人设，观众不可能因为头图上的一句话而关注主播。

既然“引导关注”的头图起不到“转粉”的作用，那它就完全没有了意义，还占据了头图的位置，所以笔者更建议用头图来加强主播的人设，至少会让进入主页的观众对主播印象更深。

使用头图来“突出人设”的方式很简单，在头图中添加两个元素就够了，那就是：形象 + 口号，口号可以采用“爆款短视频汽车模型”中“口号打造记忆点”介绍的方法和内容。这样的排版方式简单不复杂，而且内容清楚直观。所以笔者建议主播采用这样的排版方式做头图。许多主播并不会 PS[1]，找设计师制作又太麻烦。有没有一种零基础、简单快速的头图制作方法呢？

图 18-9“稿定设计”网站上快速设计头图

1 PS：全称“Adobe Photoshop”，是由 Adobe Systems 开发和发行的图像处理软件。

笔者在搜索引擎中搜索“稿定设计”，然后进入网站，找到一个合适的海报模板，接着插入自己的照片，通过其强大的自动抠图功能，一键就完成了抠图，最后加上文案，一张海报就轻松搞定了。



## 18.5 短视频作品封面集

短视频作品封面集是由各个短视频封面组成的，随着短视频的发布而变换，与静止的“头像”、“昵称”、“签名”和“头图”完全不同。作品封面集是主页中非常关键的一个部分，如果把主播的所有短视频比喻成一本书的各个章节，那么短视频封面集就相当于这本书的封面，如果封面吸引人，那么这本书被翻开的可能性也就更大，观众观看更多短视频的欲望也就更高。如果短视频封面集中每个短视频封面没有内容的亮点，也没有主播人设的传达，而且排版杂乱无章，配色混乱不堪，那么就会导致很多进入主播首页的观众大失所望，从而让主播错失了很多粉丝。

短视频作品封面集是由每个短视频的封面组合而成的，只要确保每个短视频符合以下两点原则，就可以让短视频封面集获得受众的认可，让观众变成粉丝了。这两点原则分别是:

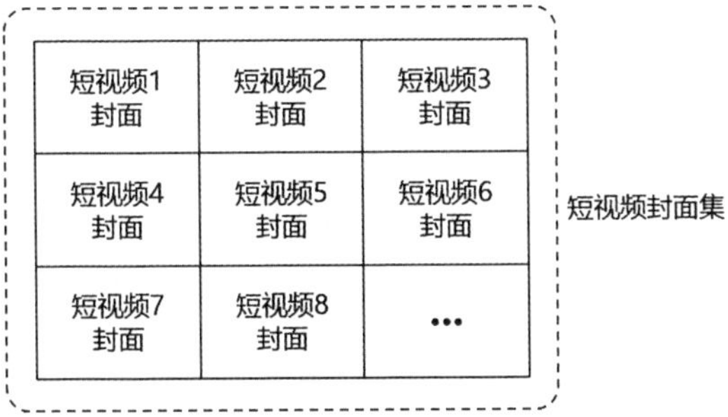

| 短视频1<br>封面 | 短视频2<br>封面 | 短视频3<br>封面 |
|---|---|---|
| 短视频4<br>封面 | 短视频5<br>封面 | 短视频6<br>封面 |
| 短视频7<br>封面 | 短视频8<br>封面 | ··· |

短视频封面集

图 18-10　短视频作品封面集的构成

“突出内容和人设”和“打造视觉一致性”。

第一个原则：突出内容和人设。

如果主播是真人出镜的话，那封面就以主播为主体，加上一句字幕就可以了。在前面章节的“爆款短视频汽车模型”里，所有关于人设中的“形象”和“记忆点”的内容都尽可能地在封面中体现，在封面中传达出这些信息有利于主播形象的传播和人设打造。而一句字幕就是短视频的主题或者是本次短视频中的一个金句。

图 18-11　真人出镜突出内容和人设的方法（截图来源于抖音达人：生活达人蒋小喵）

如果主播不是真人出镜的话，那么封面就需要着重强调主题内容了，最好的方式就是通过简短精准的文字来表达。让观众看到封面就知道短视频内容大概是什么，这对于观众来说也是非常好的体验。

图 18-12　不是真人出镜，突出内容和人设的方法
（截图来源于抖音达人：王宇爱吃奥利奥）

第二个原则：打造视觉一致性。

视觉一致性就是指所有的短视频封面看上去是协调一致的。一样的布局和协调的配色不仅会让主播的主页整体看起来非常和谐舒适，还能够高效地让观众形成对你稳定的认知。比如，Jack 刷到了笔者一个非常有趣的短视频，迅速对笔者产生兴趣，然后打开笔者的主页，想看更多的短视频。一进去就发现都是和之前视频风格一致的内容，那么 Jack 大概率会关注

笔者了。

在打造视觉一致性，也就是给每个短视频设置统一的布局和配色时，需要注意：画面颜色不能使用太多，尽量控制在三个色系以内，以免颜色多了让观众感到视觉疲劳。比如真人出镜的达人“狠人大乌鸡”和口播达人“王宇爱吃奥利奥”的短视频封面，视觉一致性就做得非常好。

本章通过对“头像”、“昵称”、“签名”、“头图”和“短视频作品封面集”这五个维度的详细介绍，可以引导协助主播制作出高质量的短视频账号主页，不但大大提高主播的转粉率，还能有效强化主播人设，让粉丝对主播的记忆更加深刻，粉丝黏性更强。

# 三步制作半原创作品，快速打造“爆款”

通过包装短视频的主页，主播就可以“坐享其成”，基本不用怎么打理，就可以提高观众的转粉率了。前文我们提到，通过观看短视频进入主播主页的观众大概有 1%—3%，那这个数字还有没有可能提升呢？当然有，那就是产出高质量的作品，让更多的观众自愿进到你的短视频主页，甚至你还可以做到，观众在短视频播放时，就直接通过单击“头像”上的“小加号”直接关注你了。

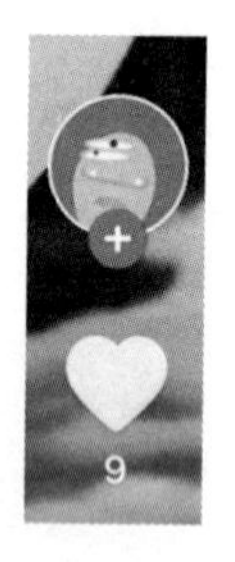


图 19-1　抖音上的“关注”按钮

如何让观众可以在浏览短视频的时候就直接点击关注呢？短视频的内容就成了观众是否单击“关注”按钮的重要因素了，在本书的“进阶篇”中，已经详细地介绍了主播如何能够做出原创的高质量选题和内容，让短视频可以成为爆款。还有一种方法，不需要主播费尽心思地去做原创作品，而是站在巨人的肩膀上，做半原创作品。

什么是半原创作品呢？比如，某主播的短视频点击量迅速突破了1000万，Vita看到之后想蹭热度，模仿了这款短视频，在这款热门短视频的内容基础上进行加工和修改，这个过程就是半原创。Vita上传半原创的短视频后，有两种可能：一种可能是自己的作品也被观众追捧，成为爆款；另一种可能是自己的作品无人问津，成为短视频沙漠中的一颗砂砾。而且后者出现的概率会更大。

## 19.1 爆款短视频难以复制的四大原因

为什么爆款短视频很难复制呢？笔者将其归纳为四点原因："短视频形似神散""主播标签差异""观众认知疲倦""平台查重限流"。

### 19.1.1 短视频形似神散

"形散而神聚"是在写散文时常用的手法，看似文章的表现手法和语言形式灵活多样，大相径庭，但核心内容确是集中相同的。而"短视频形似神散"则恰恰相反，看似表面上的拍摄手法和剧情发展都非常类似，但是核心内容却抓不住观众的心。这种"短视频形似神散"的情况是普遍存在的问题，这是人类的一种思维偏差。比如，Eric曾模仿某大V的爆款短视频，他认为自己的作品和大V的短视频拍摄得一样，但其实相差甚远，在他的短视频中无法体现出大 V 短视频中的节奏把控、人物张力和演绎细节等，Eric 的认知局限，导致他根本看不到这些隐形的差距，他做出来的短视频在观众眼里，就是一个“买家秀”[1]。

一个短视频新手去抄袭高手的作品，是很难做到形神兼备的。所以，这成了爆款短视频难以复制的首要原因。当然，这个“形似神散”属于主观因素，以下的三个因素就属于客观事实了。

### 19.1.2 主播标签差异

在前文描述抖音平台中短视频的推荐机制时，提到了新发布的短视频会根据主播的标签进行分发的。例如，Eric 模仿的大 V 在抖音中的标签是“知识资讯类”，而 Eric 的标签是“搞笑类”，如果 Eric 模仿大 V 的爆款短视频做了一个视频，那么视频首先会分发给爱看“搞笑类”标签的观众，原本大 V 的原创短视频在有“知识咨询”类需求的观众中有很好的数据表现，所以会逐步分发到越来越大的流量池中，而 Eric 模仿的半原创短视频，则很可能在“搞笑类”需求的观众中数据表现平平，所以无法分配到更大的流量池中。

1　买家秀：意指购买某商品的顾客（买家）把买来的商品以文字或实物照片的形式在网上展示（秀），供其他买家参考。

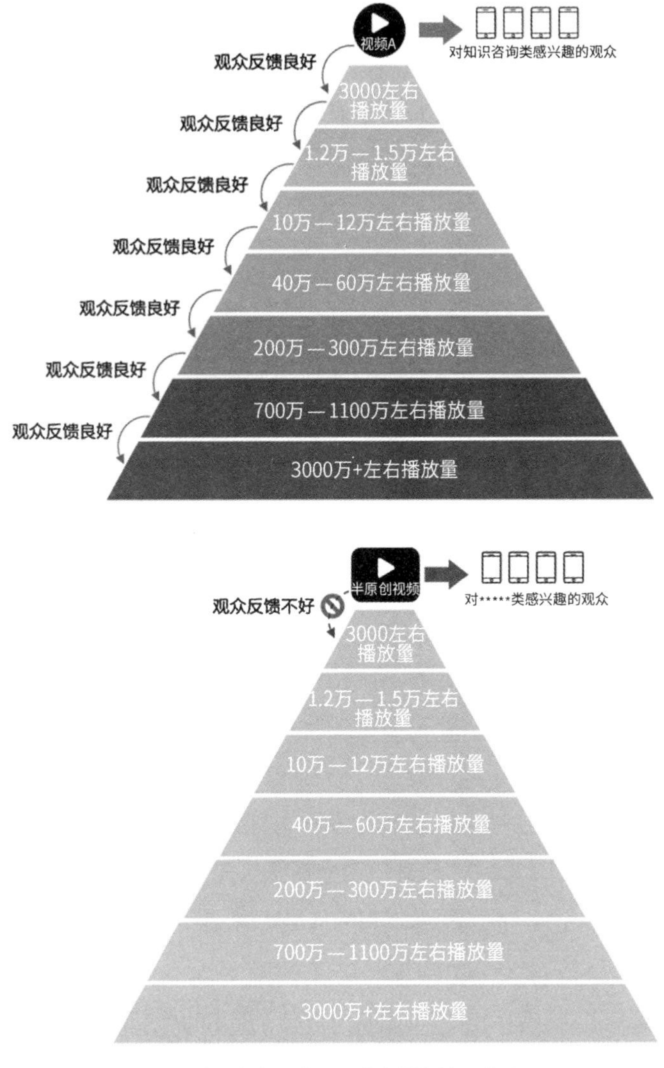


图 19-2　半原创作品在不同的主播标签下表现不同

需要特别说明的是，主播标签不是主播自定义的，而是抖音根据主播以往发布的短视频进行自动匹配的。以笔者为例，以前一直以为标签就是自己给自己打的，最早的时候，笔者给自己打的标签是：帅哥。直到看了后台数据才知道，笔者的标签是“知识资讯”，但是这个标签，笔者从来

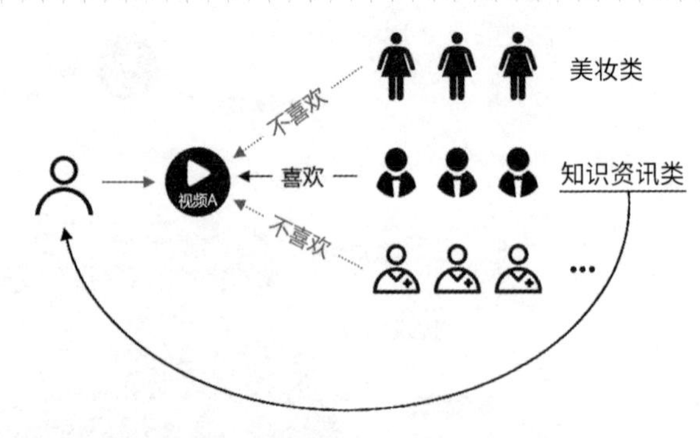


图 19-3　抖音给主播打标签的示意图

没给自己打过。

这个主播标签是怎么来的呢？笔者在抖音注册账号时，还没有任何标签，当笔者发布第一个短视频时，抖音会把笔者的作品推荐给各类人群，然后根据数据的反馈，找到最符合的标签。比如发现有知识资讯类需求的观众都喜欢笔者的短视频，那么笔者自然被打上了“知识资讯”的标签，而对“帅哥”有需求的观众很显然是没看上笔者的作品，所以笔者就没有“帅哥”这个标签。需要强调的是，观众不喜欢笔者发布的作品，并不代表笔者不是“帅哥”。

## 19.1.3 观众认知疲倦

假设 Eric 的标签和他模仿的大 V 的标签一样，都是“知识资讯”类，那么 Eric 的半原创作品就一定会火爆吗？结果还是不一定的。在前文中介绍了短视频的推荐机制，一个短视频从起初的几百个播放量到几千、几万的流量池，是根据每一级观众的反馈来评定的。这些数据包含了完播率、点赞率、赞评比和转粉率等，这些观众在第一次浏览大V发布的短视频时，会津津乐道地看完，并且进行点赞、转发和评论等操作，但是当这些观众再看到Eric发布的类似的半原创作品时，很有可能就不看完，不点赞或者不评论了。如果数据反馈效果不好，自然就无法进入下一级的流量池，半原创作品自然就火不了了。

### 19.1.4 平台查重限流

最后一个爆款短视频难以复制的原因就是平台的查重限制。抖音和快手都有非常严格的查重机制，比如，在审核短视频作品时，一旦发现Eric的作品和其他主播作品时长相同，随机抽取的片段相同，内容又高度相似，为了保护原创、保证平台内容的质量，平台就会对这个半原创短视频进行限流，所以短视频也就没有办法成为爆款。

## 19.2 三步改编脚本

### 19.2.1 第一步：建立短视频脚本框架

首先需要了解什么是脚本。脚本是短视频的表演剧本，包括出镜的各个人物、动物、事物、加旁白在每一秒的动作、表情等，脚本有助于把控视频里的每一个细节。脚本除了能给主播自己看外，还有两个作用，一是如果主播有团队，那么团队的每个人看了这个脚本，都会清晰地知道这个短视频的所有细节，这样的话，团队每个人对短视频都保持统一的认知，沟通成本会大大降低，协作也会更加高效。二是如果主播需要接广告，提交这样的脚本给广告主，他们就能迅速了解主播短视频的每一个细节，在脚本上进行修改，可以很大程度地减少后期制作时不必要的反复。

比如一个剧情演绎类的脚本如表 19-1 所示。

在剧情演绎类脚本中，一共有 8 列，分别是“镜号”、“景别”、“镜头”、“时长”、“画面”、“配音”、“音乐”和“备注”，这 8 列就是剧情演绎类的脚本框架，脚本中的每一行代表一个镜头，每个镜头都需要根据脚本框架填写这 8 项内容。

镜号是指每一组镜头的编号，当一个短视频镜头较多时，并且不是一次性拍完时，就会出现许多个镜头视频，如果不对它们进行编号，后期整理的难度会非常大。

景别可以简单地理解为镜头离被拍摄物的距离，由近至远分别为特写（指人体肩部以上）、近景（指人体胸部以上）、中景（指人体膝部以上）、全景（人体的全部和周围部分环境）、远景（被摄体所处环境）。

镜头在专业的影视拍摄中分很多形式，但在制作短视频时，常用的就是“定”和“跟”，“定”是指相机固定拍摄，“跟”就是指相机跟随被拍摄物移动拍摄。

时长是指每一个镜头的持续时间，在做短

表 19-1　剧情演绎类短视频脚本示例

| 镜号 | 景别 | 镜头 | 时长 | 画面 | 配音 | 音乐 | 备注 |
| --- | --- | --- | --- | --- | --- | --- | --- |
| 1. | 中景 | 跟 | 5 秒 | 在山洞中，镜头跟女主身后，女主从里往外走 | 步行声 | 幽静神秘 | |
| 2 | 特写 | 定 | 4 秒 | 洞口越来越亮，女主突然站定，环顾四周……（画面特写女主惶恐的面部表情） | 无声 | 幽静神秘 | 特写时，镜头仰拍女主脸部 |
| 3 | 全景 | 跟 | 3 秒 | 女主大叫一声，拔腿就跑，镜头同步跟拍 | 叫声<br>跑步声 | 恐怖弦乐 | |

视频时通常以“秒”为单位。

画面是指每个镜头里呈现的视觉画面，也叫分镜头画面。在制作脚本时，可以采用两种方式表现在脚本中，一种是通过详细的文字描述，另一种是通过手绘。专业级的电影脚本基本上都是通过手绘来表达复杂的场景布置和被拍摄物的状态的，这样表现会更直观。主播拍摄短视频时，采用文字描述就可以了。

配音指的是剧情中的人物对话或者是旁白，新手在书写脚本时尽量写出逐字稿，以防临场忘词断片。

音乐是指镜头里同时播放的配乐以及音效。

备注是需要补充说明的话，可能是需要特别关注的点或者是细节备忘。

这样一个脚本框架，比较适合有镜头切换的剧情演绎类短视频，比如，表 19-1 所示的“剧情演绎类”短视频脚本，通过脚本就可以知道这个短视频每个时间点的画面、镜头和配音，等等，如果有任何细节问题，都可以在脚本中进行修改。如果没有这个脚本而直接拍摄，那么就需要在拍摄时当场想：这一秒该拍谁？怎么拍？拍多久？配什么音？放什么特效？等问题，而且拍摄时如果发生一点儿问题就要重拍，这样耗费的精力和时间成本要远远大于在脚本上“纸上谈兵”。

如果主播是对镜口播的，那么这个脚本就可以更简单了，因为拍摄过程中是连续拍摄的，所以不需要用于排序的镜号，也不需要景别和形式，也不需要拍摄时长，只需要有：画面、配音、音乐和备注就够了。

如果主播拍摄的是真人出镜而且是一镜到底的短视频，那甚至都可以不用脚本，只需要有文案就可以了，后期在剪辑时再加上音乐和特效就完成了。不同的短视频有不同的脚本框架，本书列举了最常见的几种脚本供读者参考。

### 19.2.2 第二步：拆解短视频

脚本框架搭建完成之后，接下来就是拆解脚本。比如，一个视频的情节是一对男女在对话，对话文案是这样的：

标题：女人真的好难懂

男：嘿！

女：干吗？

男：你最近是不是瘦了呀？

女：哪有？我每天都吃很多好不好？

我最近还长了 2 斤，讨厌！

男：这么说……好像是胖了点！

女：滚！

看完文案，对内容有基本了解了，主播接下来要做的就是把这个脚本拆解到上一步搭建的脚本框架中，看看会有怎样的效果。拆解的结果如表 19-2 所示。

表 19-2　短视频拆解案例

| 镜号 | 景别 | 镜头 | 时长 | 画面 | 配音 | 音乐 | 备注 |
|---|---|---|---|---|---|---|---|
| 1 | — | — | 2 秒 | 黑底白字：女人真的好难懂 | 女人真的好难懂 | 无 | |
| 2 | 近景 | 定 | 2 秒 | 女主正在看电视，男主正面走过，侧脸热情对女主打招呼 | 嘿！ | 轻快节奏鼓声 | |
| 3 | 近景 | 定 | 1 秒 | 女主漠然地说 | 干吗？ | 轻快节奏鼓声 | |
| 4 | 近景 | 定 | 2 秒 | 男主神秘兮兮地问 | 你最近是不是瘦了呀？ | 轻快节奏鼓声 | |
| 5 | 近景 | 定 | 4 秒 | 女主喜形于色，放下遥控器娇羞地说 | 哪有？我每天都吃很多好不好？我最近还长了 2 斤，讨厌！ | 轻快节奏鼓声 | |
| 6 | 近景 | 定 | 3 秒 | 男主上下打量一番，认真地说 | 这么说……好像是胖了点！ | 轻快节奏鼓声 | |
| 7 | 近景 | 定 | 2 秒 | 女瞬间翻脸 | 滚！ | 无 | |

放进脚本框架后，你会发现，比之前的纯对话文案要多了很多细节，更加具体了。即便你没有看过这个视频，相信通过这个脚本，也能够非常

清楚地了解短视频的每一个画面，如果想象力丰富一些，甚至整个短视频都已经在脑中演绎出来了。

### 19.2.3 第三步：重新生成脚本

重新生成脚本，是在上一步的拆解脚本基础上完成的。

首先需要修改的就是“配音”，也就是短视频的文案。同样一句话，可以有一万种说法。比如拿标题举例：“女人真的好难懂”，就可以表述为“女生真是个奇怪的物种”。

重建完“配音”这一列之后，继续重建“镜头”这一列。可以尝试只修改开头和结尾的形式，比如短视频的开头是通过字幕的方式来展示的，那么主播可以将其重建为真人出镜口播的形式，最好能体现主播的人设。结尾可以突出主播特有的“记忆点”，融入主播自己的风格。

最后，再把其他一些小细节继续完善一下，比如选择适合自己风格的 BGM 和封面。

通过以上三个步骤：建立短视频脚本框架、拆解短视频和重新生成脚本，可以快速让主播尝试制作出一个作品。这个作品虽然规避了“爆款短视频难以复制的四大原因”中的“短视

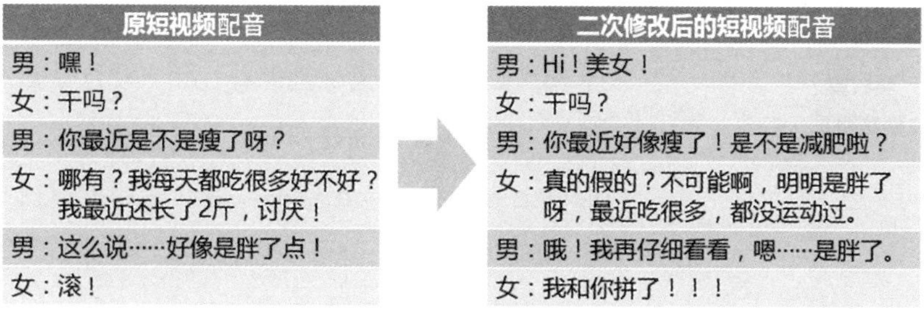

**原短视频配音**

男：嘿！

女：干吗？

男：你最近是不是瘦了呀？

女：哪有？我每天都吃很多好不好？我最近还长了2斤，讨厌！

男：这么说……好像是胖了点！

女：滚！

**二次修改后的短视频配音**

男：Hi！美女！

女：干吗？

男：你最近好像瘦了！是不是减肥啦？

女：真的假的？不可能啊，明明是胖了呀，最近吃很多，都没运动过。

男：哦！我再仔细看看，嗯……是胖了。

女：我和你拼了！！！

图 19-4　短视频拆解案例

表 19-3　重新生成脚本案例

| 镜号 | 景别 | 镜头 | 时长 | 画面 | 配音 | 音乐 | 备注 |
| --- | --- | --- | --- | --- | --- | --- | --- |
| 1 | 中景 | 定 | 2 秒 | 男主面对镜头，愁容满面地倾诉 | 女人真是个奇怪物种! | 无 | |
| 2 | 近景 | 定 | 4 秒 | 女主正专心化妆，男主从女主身后左侧走过来，对女主打招呼 | Hi！美女 | 轻松欢快音乐 | 女主左手拿化妆镜，右手执笔画眼线 |
| 3 | 近景 | 定 | 2 秒 | 女主抬眼一看面无表情地说 | 干吗? | 无 | |
| 4 | 近景 | 定 | 3 秒 | 男主神秘兮兮的地答 | 你最近好像瘦了！是不是减肥啦? | 无 | |
| 5 | 近景 | 定 | 4 秒 | 女主喜形于色，放下手中的化妆镜说 | 真的假的？不可能啊，明明是胖了呀，最近吃很多，都没运动过。 | 无 | |
| 6 | 近景 | 定 | 4 秒 | 男主上下打量一番，认真说 | 哦！我再仔细看看，嗯……是胖了。 | 无 | |
| 7 | 特写 | 定 | 2 秒 | 女主瞬间翻脸，扑向男主 | 我和你拼了!!! | 暴风来袭音乐 | 女主正面扑向镜头 |
| 8 | 近景 | 定 | 4 秒 | 男主面对镜头，展示每集视频都有的标准口号和动作 | @@## | 无 | |

频形似神散”和“平台查重限流”，仍然存在以下两点缺陷：“主播标签差异”和“观众认知疲倦”。笔者建议主播在前期没有灵感的时候，通过以上方法尝试产出作品，待到后期主播找到自己的风格以后，就可以逐渐脱离这种方式了。

# “六大指标”助力爆款短视频

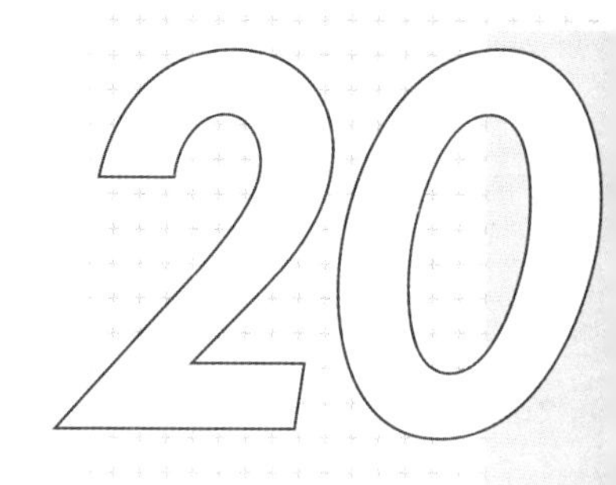


“爆款”是一个网络用语，在每个领域都有特殊的含义。每个人心目中关于“爆款”的标准都不一样，而笔者对爆款短视频进行了标准量化，将其分成了以下六个等级：

B级爆款，需短视频播放量超过50万，并且点赞量超过3万；

A级爆款，需短视频播放量超过200万，并且点赞量超过10万；

S级爆款，需短视频播放量超过600万，并且点赞量超过30万；

SS级爆款，需短视频播放量超过1200万，并且点赞量超过60万；

SSS级爆款，需短视频播放量超过3000万，并且点赞量超过150万；

现象级爆款，需短视频播放量超过5000万，并且点赞量超过250万；

为什么那么多人会追求爆款呢？因为爆款意味着“涨粉”和“商业变现”，B级爆款、A级爆款和S级爆款，都属于基础爆款，

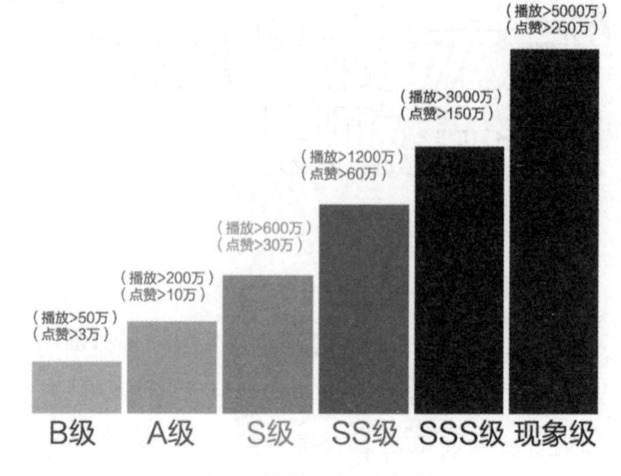


图 20-1 爆款短视频的六个等级

“涨粉”和“商业变现”表现并不明显。如果短视频达到了 SS 级，“涨粉”和“商业变现”这两点就会表现突出；一般情况下，播放量大于 1200 万，点赞量超过 60 万的 SS 级爆款短视频，会涨粉 1 万—10 万；播放量超过 3000 万，点赞量破 150 万的 SSS 级爆款短视频，一般会涨粉 10 万—50 万；播放量超过 5000 万，点赞量破 250 万的现象级爆款短视频，一般会涨粉 50 万到无上限。（以上情况，还会受人设等因素的影响。）而如果这一条短视频恰好做了广告，那这一条短视频的商业价值甚至能超出一般人的预期，如果这条短视频是精准的带货视频的话，那么其价值就更不可小觑了。特别是现象级的爆款短视频，如果人设强的话，很可能就意味着主播将一夜走红，像“代古拉 K”和“刀小刀”等，就是如此。

一个爆款短视频可以抵得上主播 100 个甚

至 1000 个普通视频，所以主播们做短视频，不能追求数量，而是应该追求爆款。那么短视频爆款是怎么形成的呢？以抖音为例，在“爆款短视频汽车模型”的“平台”中已经详细介绍了抖音的“金字塔流量模型”：抖音会先把短视频推荐给初步匹配的观众，然后根据观众的反馈逐渐给主播推送至下一级的流量池中，最后一层一层地让主播跑完整个金字塔。

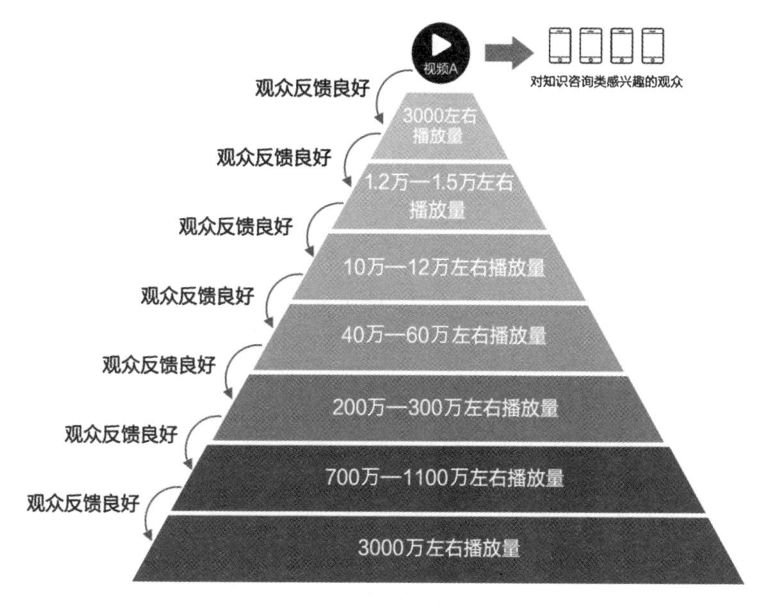


图 20-2　抖音的短视频推荐机制

观众的反馈结果直接决定了短视频是否会被推送到下一级流量池，观众的反馈结果由完播率、点赞率、赞评比、转发率、赞粉比和复播率这六个部分组成。接下来本文将对这六个指标进行详细介绍，并且提供提高这些指标的方法。

# 20.1 提升完播率的六个诀窍



完播率，是指完整看完短视频的观众数占所有观众数的比例。比如，有 10 名观众看了短视频，只有 4 名观众完整看完了，那么完播率就是 40%。还有一个与完播率意义相同的指标，那就是“平均播放长度”，它是指所有浏览过视频的观众平均播放时长与总长度的占比，比如一个 20 秒的短视频，有 4 个人看了 20 秒，3 个人看了 10 秒，3 个人看了 5 秒，那么它的平均播放时长就是 12.5 秒，而平均播放时长占比是 62.5%。

爆款短视频的完播率通常需要在 50% 以上，而平均播放时长需要占总时长的 70% 以上。以下我们将介绍六种方法，可以提升短视频的完播率和平均播放时长。

## 20.1.1 诀窍 1：明确主题

假如在各大短视频平台中，平均一条短视频长度为 20 秒，而观众平均在每个短视频的逗留时间是 6 秒，如果人均每天会花 2 小时看短视频的话，观众平均每天要看 1200 个短视频，这个巨大的基数会让观众对短视频“经验

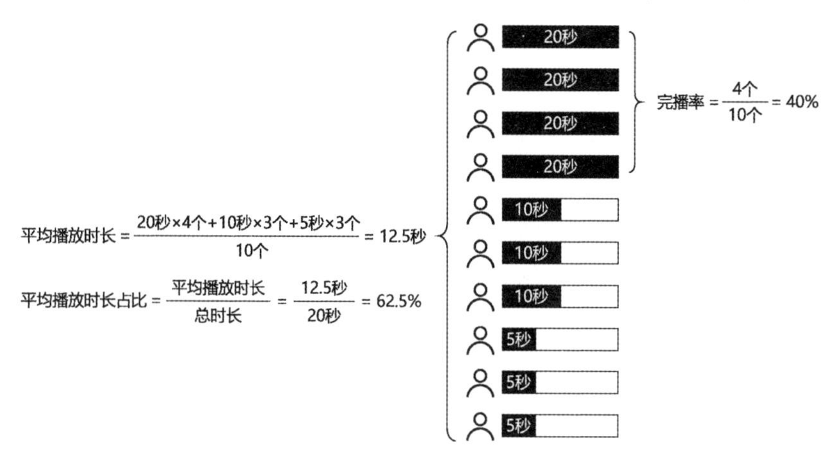


图 20-3　完播率和平均播放时长示意图

丰富”，对短视频的要求也会越来越高。如果主播的某个短视频的前 3 秒没有抓住观众，那么他会直接下滑去看下一条更好的短视频了。

对于主播来说，如何能够抓住这些“经验丰富”的短视频观众，让他们有欲望看下去呢？首先就要做到不拖延，观众看了 3 秒、5 秒迟迟都看不到主播想要表达的主题，也看不到任何吸引他的点，他很可能就迅速划到下一个短视频去了。主播可以在前 3 秒直接呈现出短视频的主题，那么有兴趣的观众自然就会留下来。比如在抖音中搜索“女生这样扎头发”，短视频的开篇字幕就明确了主题“女生这样扎头发，谁还敢叫你阿姨”，这样就会勾起很多女性的兴趣。

## 20.1.2 诀窍 2：标题中埋伏笔

除了明确主题外，在短视频最开始的标题中就要埋下伏笔，让观众对视频结尾有所期待，那么观众看完视频的概率也会大大提升。比如，在一个短视频的标题“我妈最后还是……”标题中使用“……”表示省略，许多观众就被吊起了胃口，想看一看他妈妈到底怎么了。

标题中埋伏笔，就是在标题里面卖个关子，勾起观众的好奇心，当他们想一探究竟的时，就会继续看短视频直到结尾，当看完结尾时，整个短视频也看完了。需要注意的是，主播不能做“标题党”，短视频的最后必须要对标题有所交代，如果 Chris 发布了一条主题为“最后出镜的小哥哥亮了”，而短视频的最后并没有出现“小哥哥”，一旦观众感觉到被欺骗，他肯定就不会点赞，而且下次在看到主播的视频后，就再也不会上当了，直接划走，会影响短视频的完播率。

### 20.1.3 诀窍 3：视觉冲击

诀窍 1 的“明确主题”和诀窍 2 的“标题中埋伏笔”都是在短视频的前 3 秒添加文字标题。还可以通过在短视频前 3 秒的画面中制造强烈的视觉冲击，用类似这样的技巧吸引住观众，毕竟观众都有“看热闹不嫌事儿大”的心态，一看到有这么热闹，就会产生好奇，想看看短视频里到底发生了些什么。

### 20.1.4 诀窍 4：使用热门 BGM

观众观看短视频获取信息有两种途径：一种是视觉，另一种是听觉。“明确主题”“标题中埋伏笔”和“视觉冲击”这三个方法都是采用了“视觉”的方式抓取观众的“眼球”，要想提升短视频的完播率，还可以通过热门的 BGM 来抓取观众的“耳朵”。

观众对热门的 BGM 耳熟能详，仅仅让观众听 BGM，就能让他享受 15—25 秒，这个时候整个短视频也就结束了，更何况主播还能给他看到与音乐匹配的画面。最有效的方式是，找到平台近期最热门的 BGM，如果符合自己短视频内容的风格，就可以直接拿来使用。

### 20.1.5 诀窍 5：添加字幕

添加字幕怎么也可以提高完播率呢？原因很简单，有很多观众没有条件在观看短视频的同时播放声音，比如下午偷偷在办公室里刷抖音的办公室员工，上课无聊在桌子下面偷偷看短视频的大学生，在开会的时候不想听领导老生常谈的部门主管等，他们没有条件同时播放声音，如果只能看到短视频画面里的人嘴在动，又没有字幕，就得不到任何信息，肯定就直接划走了。所以，字幕是非常重要的一个元素。而关于字幕的做法，我们已经在入门篇中进行过详细介绍。

### 20.1.6 诀窍 6：控制视频长度

完播率是观众看完整个短视频的人数，短视频的时间越长，也就意味观众看完整个短视频的难度也就越大；而如果短视频的时间很短，又会导致观众觉得视频太短，还没开始就结束了，极大可能不会给主播点赞。根据笔者个人测试后发现，15—25 秒的视频效果是最好的，既不影响完播率，又不影响短视频内容的表达，不会影响点赞率。

有部分短视频时长超过 25 秒，甚至达到 1 分钟也能成为爆款，这些爆款视频，都是建立在主播内容标签非常成熟稳定的前提下，也就是说有很多人已经知道主播的视频的品质了，即便再长也会有观众看下去，就像在看国际大导演斯皮尔伯格执导的电影一样，看两个小时都沉浸在其中不能自拔。而对于做视频的新手主播来说，并不具备成熟主播的条件，所以笔者更建议将短视频时长控制在 15—25 秒之间，这样才能保障完播率，从而获得更多的流量。

“明确主题”、“标题中埋伏笔”、“视觉冲击”、“使用热门 BGM”、“添加字幕”和“控制视频长度”这六个提升完播率的诀窍，是经过笔者和若干学员验证过的，效果非常显著。

## 20.2 提升点赞率的八个诀窍

除了完播率外，还有一个主播们都熟知的指标，“点赞率”，点赞率是指观看短视频后点赞的观众与总观看人数的比率。比如，有 10 个人观看了短视频，有 6 个人点赞，那么这条短视频的点赞率就是 60%。

提升点赞率和提升完播率同样具有挑战性，完播率的特点是短视频作品需要全程抓人，观众只要全程看完你的短视频，就可以实现“完播”；而促成“点赞”更常见的原因，是主播作品里某个部分打动了观众。“完播”需要观众看完，而点赞则需要观众做动作，点击屏幕中的

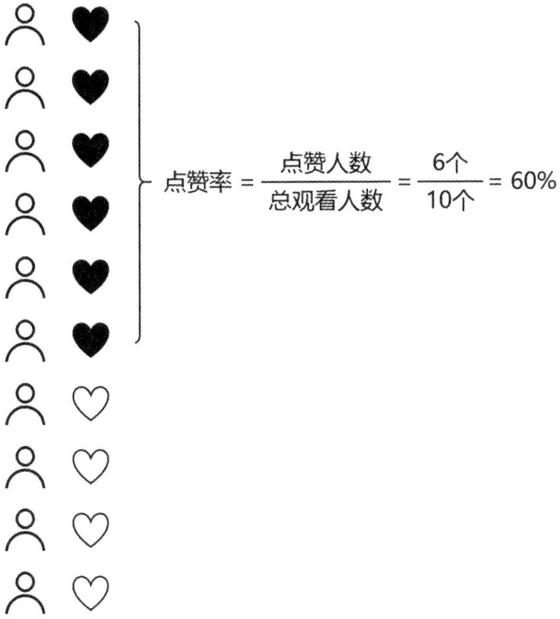

$$点赞率 = \frac{点赞人数}{总观看人数} = \frac{6个}{10个} = 60\%$$

图 20-4　点赞率示意图

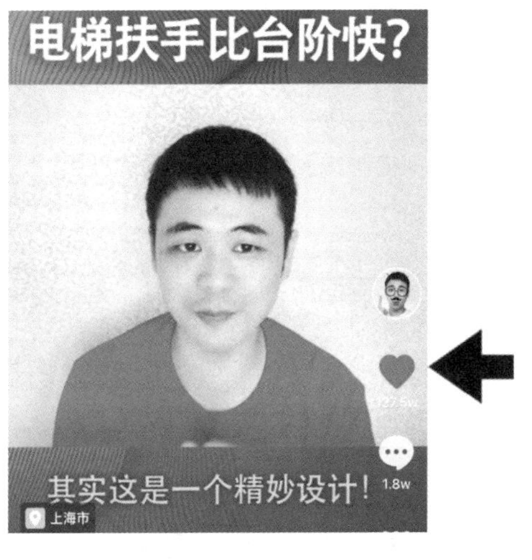


图 20-5　抖音点赞示意图

“爱心”才可以。

依据笔者的经验，如果想做成大的爆款作品，点赞率至少要达到 6% 以上，而点赞更考验主播的短视频的内容。当你的短视频让观众产生以下 8 种情绪时，观众就可能会为短视频作品点赞。

1.“哎呀！心动了！点个赞！”——观众被主播的人设吸引，觉得主播非常有魅力。比如，主播一表人才，貌似潘安。

2.“笑死我了！点个赞！”——观众被搞笑类的短视频吸引。

3.“好温暖！太治愈了！点个赞！”——观众感觉短视频内容非常感人。

4.“太牛了！点个赞！”——观众感觉主播的才艺超群或者品格让人佩服。比如，主播救了一只可怜的流浪猫。

5.“哎呀！太意外了！点个赞！”——观众被出人意料的剧情反转吸引。

6.“太唯美了！点个赞！”——观众被震撼的画面所折服，比如，非常高超的特效画面。

7.“说得太对了！点个赞！”——观众被主播强有力的论点说服。

8.“太实用了！收藏了！”——抖音的点赞其实一定程度起到了收藏的作用，所以很多观众看似点赞，实则收藏。

以上提供了八个可以提升主播点赞率的观众心态，而主播为了能够提升短视频的点赞率，可以根据以上八点进行短视频内容的制作和拍摄。

## 20.3 提升赞评比的四个诀窍

赞评比，是指观看短视频的点赞人数和评论人数的比例。比如，有 10 个人观看了短视频，有 6 个人点赞，有 2 个人评论，那么，这条短视频的赞评比就是 33%。

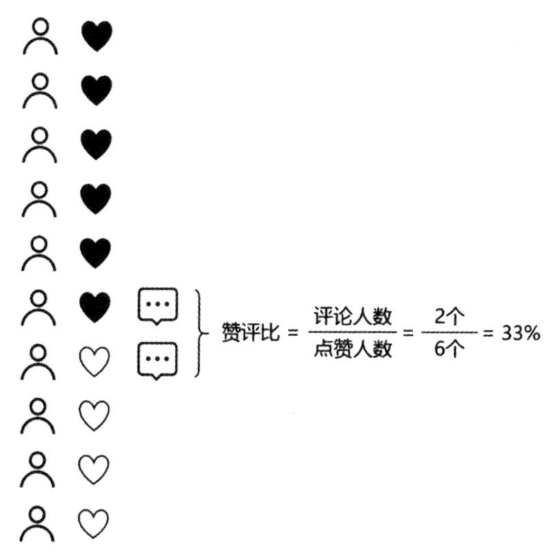


图 20-6 赞评比示意图

卡思数据[1]的统计结果显示，抖音赞评比的均值是 42:1，也就是，42 个

1 数据来源：卡思数据 2019 年《抖音 VS 快手红人电商数据深度研究》。

人点赞就会有 1 个人评论。42:1 并不是爆款短视频的比例，而只是抖音的平均值而已，根据笔者的经验，爆款短视频的要求是赞评比需要达到 15:1 以上。

在提升赞评比这个数据的过程中，是存在一些“矛盾”的，如果仅仅为了提升赞评比，那么需要降低处于分母位置的“点赞数”，提升处于分子位置的“评论数”。可是，“赞评比”只是主播打造爆款短视频六个指标中的其中一个，而且“点赞数”也是六个指标中的一个重要指标，所以对于这种既要提升分母，又要提升分子的情况，笔者的建议就是：尽可能地提升更多的“评论数”。

笔者观察了超过 1000 个短视频，得出经验发现，提升评论数不仅仅可以促成爆款，还可以通过“热闹”的评论区，让主播和观众建立更密切的联系，有很多的观众参与互动后，说不定就会变成主播的粉丝。与此同时，粉丝在留言的时候，仍然停留在短视频中，用户停留时长[1]将会增加，“用户停留时长”虽然不是“六大指标”之一，但是它有利于视频完播率的提升。而且在某些主播的评论区可以看到有很多粉丝的留言，其实是在“@”其他人来看，就好比观众发了条信息给好友，和他说“我看到一条非常有意思的短视频，你也来看下吧”，这比转发的效率更高，

1 用户停留时长，指访客浏览某一页面时所花费的时长。

因为观众“@”的人，一般都是他们比较亲近的人，兴趣爱好也会更接近，所以点过来看的概率也更高，对短视频的传播非常有益。

图 20-7　短视频评论区“@”他人观看的案例

既然提升评论数，也就是提升赞评比有那么多好处，那么该如何提升赞评比呢？本文提供了以下五个诀窍。

### 20.3.1 诀窍 1：为观众私人定制

短视频的传播性质是，一个作品有成千上万的观众去浏览，如果把观众的“这只是一个普通的短视频”的感觉，转变为“这是一个为我私人定制的短视频”的感觉，那么这个短视频的赞评比将会大大提高。如何能够给观众留下“这是一个为我私人定制的短视频”的感觉呢？主播可以将常用的“大家”改成“你”来称呼观众，就好像是主播一个人坐在观众面前，在一个私密的茶室里和观众窃窃私语一样，像极了好朋友之间的对话，这大大激起了观众想要和主播对话的冲动，继而促进了“留言”这个指标的提升。

### 20.3.2 诀窍 2：发表争议性观点

除了“为观众私人定制”外，还可以通过发表争议性的观点来吸引观众发表自己的意见。比如，主播提出“女性在职场中更容易受到优待”这个争议性的观点，就会激起观众站队[1]，观众们通过留言的方式，发表自己的言论，比如：“我赞成，因为女性在职场中可以获得很多男性同事的无偿帮助。”“我反对，因为女性和男性是一样的，都需要付出大量的时间去工作，不但没有优待，反而获得的成功会被归功于美貌！”

### 20.2.3 诀窍 3：提出封闭式问题

“对于这样的男朋友，你觉得我该离他而去，还是打他一顿呢？请在评论区发表你的观点吧。”

1 站队：当多种观点或立场对立时，选择同盟的一种做法。

这种封闭式的问题[1]大大降低了观众评论语言编写的难度，就好比 Dick 去理发店，理发师给他洗头的时候通常会问："你是要使用去屑洗发水，还是柔顺的洗发水?"那么 Dick 就可以很容易地在这两个选项里进行选择。如果理发师一边洗着头，一边问 Dick："你是要用哪种洗发水?"Dick 回答的难度就大大增加，一时半会儿不知道怎么回答，只能说"你看着办吧"。

### 20.3.4 诀窍 4：在评论区发布"神评"或引导问题

"为观众私人定制"、"发表争议性观点"和"提出封闭式问题"都可以在观众浏览短视频时，提升观众进行评论的概率。还有一种方法，是在评论区发布"神评"[2]或者引导提问，来引导观众发表评论。比如，主播发布了一个萌宠的短视频，他随即在评论区发布"这个萌宠的眼睛像极了爱因斯坦的眼神"这类的评论，或者"看看这只小狗的眼神像哪个科学家呢"这样的引导性提问，当观众看到这条评论时，就会去参与讨论或者回复。

这种方法相较于其他方法的效果会更弱，因为它只针对打开评论的观众，如果观众没有打开评论，那么他压根儿就看不到主播这句精心准备的话。但根据笔者的经验，观众打开评论的概率在 4% 左右，也就是 100 万个观众就有 4 万个观众会打开评论，如果能提升这些用户的评论率，那么主播的赞评比也能提高不少。

除了"为观众私人定制"、"发表争议性观点"、"提封闭式问题"和"在评论区发布'神评'或引导问题"之外，还有一些笔者不推荐的方法，比如，主播 Francis 在视频的结尾告诉观众："如果留言量达到 10000，那么我会给第 10000 个观众送上神秘大奖哦。"这种方式属于通过给观众奖励来吸引观众进行留言，虽然能够奏效，但是不能长期使用，而且会给观

1　封闭式问题：指事先设计好了各种可能的答案，以供被调查者选择的问题。
2　神评：网络流行词，指那些又好笑又有道理又能登顶骗赞的网络评论。

众留下“内容不佳，用钓鱼的方式让我留言”的想法。所以，如果将以上介绍的四个诀窍都运用好的话，就不需要通过给奖励来实现目的了。



## 20.4 转发率的提升诀窍

还有一个指标和“点赞率”与“赞评比”一样，需要观众用手点击屏幕来进行操作的，那就是“转发”。转发率是观众转发数与总观看人数的比值，比如，有 10 人观看视频，有 3 人转发，那么这条短视频的转发率为 30%。

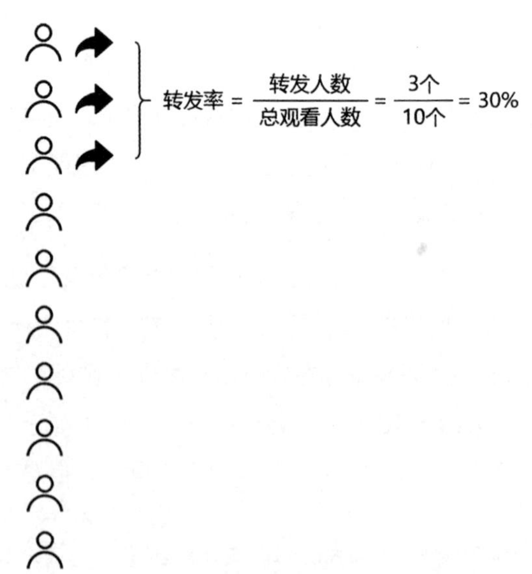


图 20-8　转发率示意图

转发比“点赞”和“评论”要更难，因为“点赞”和“评论”都属于观众自己的行为，不会影响到其他人。而“转发”则需要观众去发送给特定的人或者发布到观众个人的“动态”中，这些举动会影响到其他人，而且还隐含着观众的一个隐藏意识，即“我认可这个短视频，这个观点代表我的心声，我为这个短视频的内容作担保”，所以观众才会转发。因此，想要促进观众的转发行为，就需要我们去更深入地挖掘观众的需求了。

想要提升转发率，除了需要像提升点赞率那样，制作出能让观众产生“哎呀！心动了！”“笑死我了！”“太治愈了！”等心态的视频之外，还需要做哪些动作，才可以有效提升转发率呢？

很多主播直接在短视频结尾里告诉观众“帮我 **** 转发”，根据笔者的经验，这样做的效果微乎其微。就好比，主播 Galen 跑到马路上随便抓了一个不认识的人和他说：“你帮我转发一条信息可以吗？”笔者认为，100 个人里，未必会有一个人帮助 Galen，毕竟都是素昧平生的人，干吗要帮你转发呢？但是，观众如果对 Galen 的内容满意，再加上掌握了以下一个诀窍，就可以大大提升主播的转发率指标了。

比如，Galen 发布了一条关于“孩子噎住了怎么办”的短视频，由于其内容对父母应急处理孩子的意外帮助非常大，他可以在短视频的最后添加一句话：“将这个技巧转发给朋友，让天下没有被噎死的孩子。”这样观众就会自发地进行转发，而这个诀窍就是利用了观众“发扬正能量”的心理。

需要注意的是，通过“恐吓”之类的方式诱导观众转发，比如“不转不是中国人”“转发才会幸福”等，可能会造成观众反感，甚至遭平台封杀等后果。

# 20.5 提升赞粉比的三个诀窍

赞粉比是观众单击关注成为粉丝数和点赞数的比例。比如，有 10 个观众观看了短视频，其中有 6 个人点赞，有 3 个人关注，那么这条短视频的赞粉比就是 2∶1。

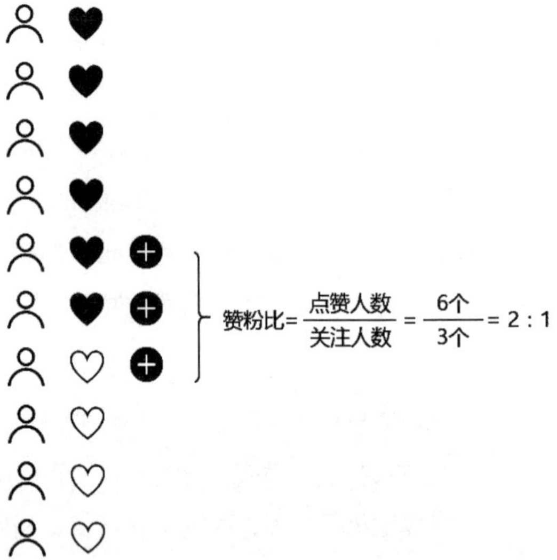

赞粉比= 点赞人数 / 关注人数 = 6个 / 3个 = 2 : 1

图 20-9 赞粉比示意图

根据笔者的经验，15 个以内的点赞换取一个粉丝，是比较理想的状态。在介绍如何提高赞粉比方法前，需要先解析一下观众从点赞到点关注成为粉丝的完整路径。

一个观众刷到了主播的视频，如果他对主播的视频内容没兴趣，就会直接离开；如果他感兴趣的话就会点赞。如果视频内容非常优秀，那么他会直接单击关注。但是，这种情况发生的概率比较低，通常他会先进入主播的主页，查看主播更多的短视频，如果主播符合观众的预期，那么观众很大概率就会关注主播。

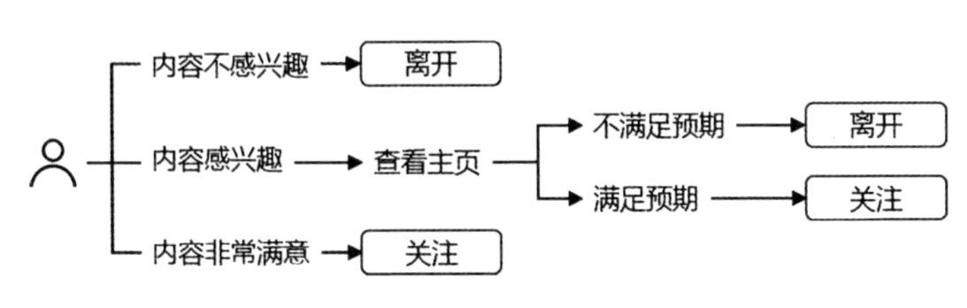


图 20-10　观众对短视频进行关注操作的流程

在前文中我们提到过，观众通过短视频进入主播主页的比例可达到约 1%—3%，在前文中，还有一个数据没有提出，根据笔者的经验，观众在主播的主页进行关注的人数，占到了所有关注人数的 60%，也就是说，100 个观众，假如有 50 个关注人数，其中就有 30 个观众是浏览了主播的主页后，再进行关注的，而剩下的 20 个观众是在短视频页面直接关注的。

为了能够提升观众在短视频播放页面就关注主播的概率，主播就需要提升短视频的内容质量，这个技巧已经在本书进阶篇中进行了详细介绍，本小节在此将不再赘述，本小节提供的提升赞粉比的三个诀窍都是围绕着“如何让观众在主播主页进行关注”。

### 20.5.1 诀窍 1：提升作品数量

当观众打开主播的主页后发现，主播的短视频就三五个，那么他关注的概率就会大大降低，因为观众认为主播发短视频的频率不高，就算关注了也看不到作品，所以就会离开。根据笔者的经验，主播主页中的作品至少需要满屏[1]，才能让观众觉得内容丰富度尚可，而要达到满屏，需要主播的作品数量达到 12 个才可以。

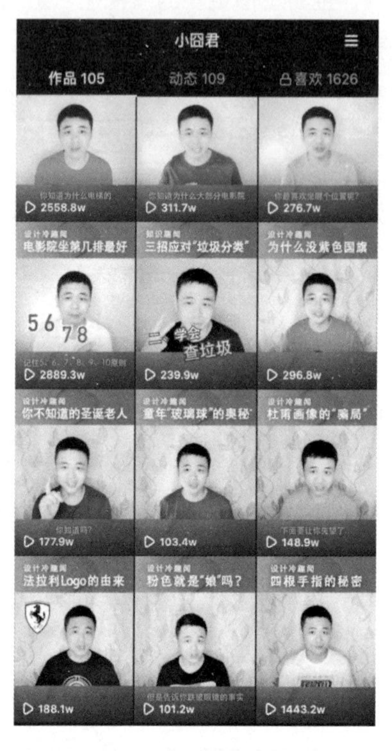


图 20-11　抖音中主播的满屏效果

## 20.5.2 诀窍 2：打造视觉一致性

当作品数量达到满屏效果时，“视觉一致

1　满屏：内容撑满手机屏幕首屏。

性”就显得尤为重要。“视觉一致性”就是指所有的短视频封面看上去是协调一致的，一样的布局以及协调的配色，不仅会让主播的主页整体看起来非常和谐舒适，还能够高效地让观众对你建立起稳定的认知。在前文，我们已对“视觉一致性”有了详细的介绍，在此就不再赘述。

### 20.5.3 诀窍 3：打造内容一致性

“提升作品数量”和“打造视觉一致性”都是为了提升观众第一眼的感受，而当观众随意打开主页中的其他短视频时，短视频的内容一致性也会影响到观众进行关注的行为。比如，观众是因为主播 Yael 的美食短视频进入主播主页的，可在 Yael 的主页中，不但有唱歌跳舞的短视频，还有通过口播的方式说新闻的视频类型，许多视频和美食没什么关系，那么观众大概率不会去关注 Yael。所以笔者建议，主播尽可能地打造内容一致性，形成系列短视频，就像笔者的“真实一面”系列，赞粉比就达到了 10∶1，为笔者的短视频成为爆款贡献了重要力量。

## 20.6 提升复播率的三个诀窍

爆款短视频的最后一个指标是“复播率”，是指观众看完主播的视频后继续再看的比例。比如，有 10 个观众观看了短视频，其中有 6 个人重复观看了，那么这条短视频的复播率就是 60%。

复播率显示了主播短视频受到观众喜爱的程度，观众非常喜欢，才会看了一遍又一遍。下面我们将介绍提升复播率的三个诀窍。

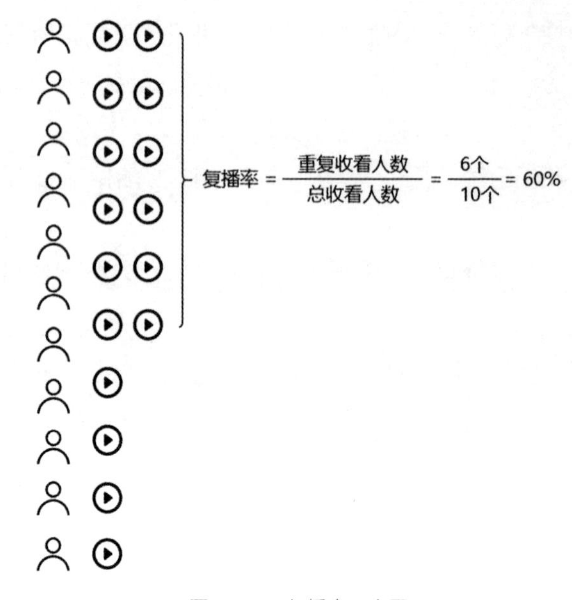


图 20-12　复播率示意图

## 20.6.1 诀窍 1：掌控短视频的节奏

通过掌控短视频的节奏，让主播形象和 BGM 完美配合，那么观众的大脑就会适应这种节奏，不断地去重复播放短视频观看，以满足大脑的需求。比如，在抖音中搜索“代古拉 K 甩臀舞”，许多人看了这条视频，都觉得特别洗脑[1]，忍不住一遍一遍地去看。而这就是通过掌控短视频的节奏，让主播的形象和 BGM 完美配合，加上主播的表现力又强，所以提升了短视

1　洗脑：这里用来形容一些特殊的音乐或节奏，风格独特，个性十足。洗脑的意思就是大脑就像被控制了一样。

频的复播率，从而使短视频成了现象级的爆款，一条视频涨粉到达千万，主播从普通人一下变成了网红大咖。

### 20.6.2 诀窍 2：信息埋点，结尾提示

“掌控短视频节奏”对新手主播来说有些难，但是“信息埋点，结尾提示”则相对简单许多。“信息埋点，结尾提示”就是在主播的短视频里放一个很重要的信息点，但是 1 秒带过，然后在短视频的结尾，提示观众再仔细看一遍。

以笔者的“石头剪刀布的必胜技”短视频为例。这条视频的播放量超过 2500 万，是一个 SS 级爆款。笔者自己分析，这是因为这条视频的复播率很高，所以才使得它成了大爆款，而这条短视频复播率那么高的原因就是“信息埋点，结尾提示”。

这条视频的内容是讲一个“在石头剪刀布中提高胜率”的知识点：“当自己赢的时候，下一步需要怎样做；当自己输的时候，下一步需要怎样做。”知识很有趣，但是没那么容易让观众一遍就看懂，所以笔者在结尾提示了一句：“绕晕了吗？视频多看几遍就学会了！”这样的“信息埋点，结尾提示”，让很多观众再回头去看，大大提升了短视频的复播率。

其实类似的方法还有很多。比如，主播 Eva 是做营养搭配的干货分享短视频的，在短视频的第 7 秒出现了一个“好吃好营养但不长胖的早餐清单”，这个清单只出现了 1 秒不到的时间，但是清单上的信息超过了 10 行，普通人根本没有办法快速记忆，但观众非常喜欢，所以 Eva 就在短视频结尾提示“想要好吃好营养但不长胖吗？再看一遍视频吧”，那么观众就极大可能再看一遍，然后截屏下来，慢慢看。

再比如，主播 Gaye 正在演绎一个悬疑片，中间有半秒的镜头出现了一个穿黑色西装、凶神恶煞的男子。在视频最后，Gaye 提示观众“凶手

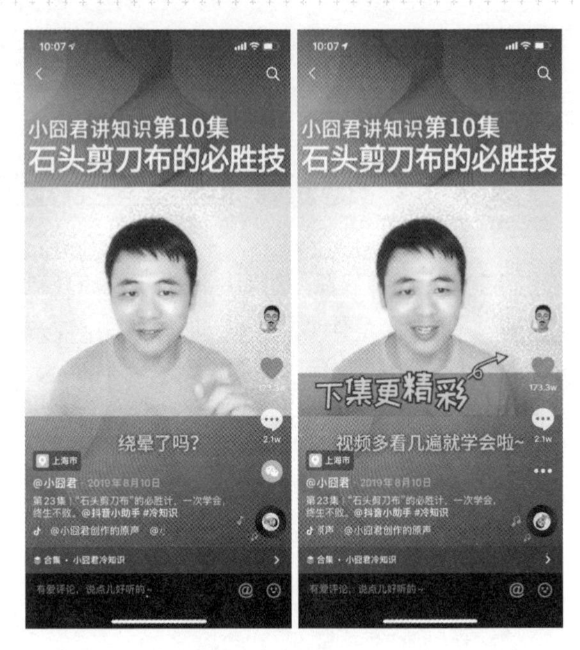


图 20-13 “信息埋点，结尾提示”提升复播率的案例

刚才出现了，再看一遍找到他吧”。这样大大激起了观众的好奇心，观众很可能就会再看一遍去找那个凶手。

### 20.6.3 诀窍 3：假循环

“假循环”是指观众并没有意识到短视频的结束，而不断让短视频循环播放。比如，通过在视频结尾部分加字幕“第二天”或者“两年后”等，字幕看完后虽然短视频结束了，但抖音的短视频是循环播放的，观众会误以为接下来的内容是“第二天”或者“两年后”的内容，可能看了好几遍才会反应过来，从而极大促进了复播率的提高。这个诀窍虽然有些“投机取巧”的成分，但是很奏效。主播们可以在视频结尾，埋下“接下来”“第二天早晨”等伏笔，来实现假循环的效果。这里需要说的是，这种方法偶尔尝试可以，如果做成常态，不但不再奏效，还可能会“招黑”。

本文详细介绍了完播率、点赞率、赞评比、转发率、赞粉比和复播率，并提供了许多案例和提升诀窍，可以助力主播做出一个接一个的爆款短视频。但是，“完播率、点赞率、赞评比、转发率、赞粉比、复播率”这些指标，在哪里可以看到呢？下一章节中，我们将会详细介绍。

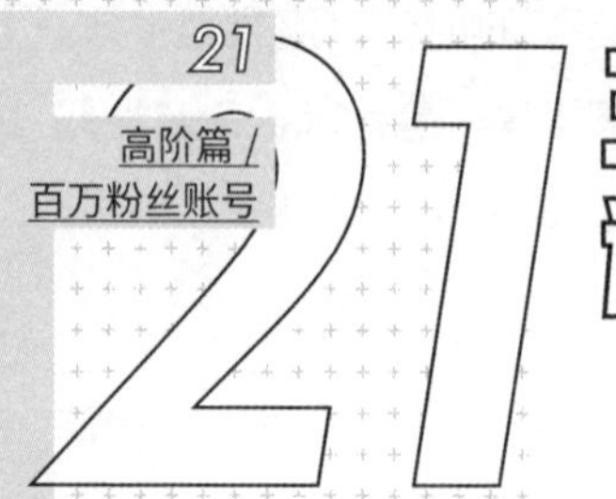


# 三维数据分析，造就百万粉丝

笔者在线下接触过超过近百名主播，他（她）们每天都会花超过 5 小时在短视频的制作上，但是效果却不理想。究其原因，就是因为短视频发出去之后就开始祈祷自己这款作品可以成为爆款，但是往往事与愿违。这种“听天由命”的方式，当然无法让自己成为拥有百万粉丝的主播了。如果主播只是埋头苦干，全靠自己“拍脑袋”来进行短视频创作，其他什么都不管不问的话，如何保证短视频会更好呢？

其实对于主播来说，每次发布的短视频都是下一个短视频成为爆款的重要依据。比如，主播 Jake 昨天发布了一条短视频，通过数据发现“完播率”较差，其他指标都不错，那么他在发布下一条视频的时候就可以针对“完播率”进行改进。

主播每次发布短视频后，都须分析一下相关的各项指标，用数据思维来科学地迭代作品，而不是单凭“拍脑袋”。只有这样，才能让主播的付出达到事半功倍的效果，快速让下一个短视频成为爆款。

下面，我们将围绕在抖音平台中，如何查看

自己的作品数据，如何分析主播的粉丝特征，以及如何以别人的数据为参考，来迭代自己的作品，这些有针对性的问题，展开探讨。其中，会用到三个数据平台："抖音企业管理平台"、"抖音创作者服务中心"和"飞瓜数据"，前两个是抖音平台官方数据，"飞瓜数据"是第三方平台，功能更全面，除了抖音外还支持快手。

## 21.1 作品数据分析

在上一章节中提到的短视频六大指标：完播率、点赞率、赞评比、转发率、赞粉比和复播率，这些数据就是通过"抖音企业管理平台"、"抖音创作者服务中心"和"飞瓜数据"这三个平台进行查看的。下文将详细介绍笔者自己平时管理数据以及分析数据的整个流程和方法。

笔者会在每次发完作品以后的第二天，打开"抖音企业管理平台（https://e.douyin.com）"，来查看一下短视频作品的各项数据。登录

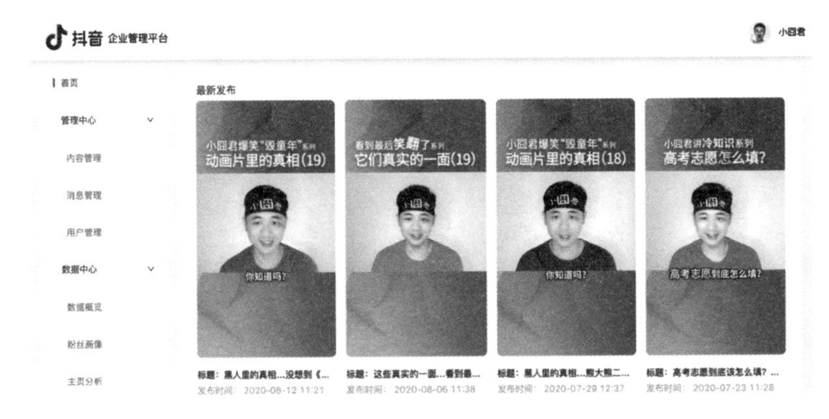


图 21-1 "抖音企业管理平台"截图

后，单击“内容管理”，就可以看到昨天发布的短视频数据了。为什么会先打开这个网站呢？因为它直接将点赞率、评论率和转发率都计算好了，数据较为直观，而其他的多数数据平台只陈列单个数据。

笔者在管理短视频时，一般不去分析播放量比较高的短视频，而是更关注播放量较低的短视频，去分析它的详细数据，找出问题所在，以便制定下一步的改进计划。比如，笔者的一条短视频数据显示，它的播放量只有 18w（万），是笔者所有短视频里播放量最低的一条，笔者多数短视频播放量都在 100w（万）以上，所以这个“18w”的播放数据，就比较刺眼。

通过查看详细数据，发现这条短视频的点赞率、分享率和赞评比都非常高，尤其是点赞率，达到了 16%。前文我们提到过，点赞率超过 6% 就算比较优秀的短视频作品了，既然点赞率达到了 16%，可见短视频非常受观众欢迎，而且分享率和评论率都不低，但是为什么播放量这么低呢？笔者排查后认为，是完播率出现了问题。但是在“抖音企业管理平台”看不到完播率，而完播率需要到“创作者服务中心”中查看。

单击抖音右上角的“三条杠”，然后依次点击“创作者服务中心”和“数据概要”，可以找到这条短视频的相关数据。

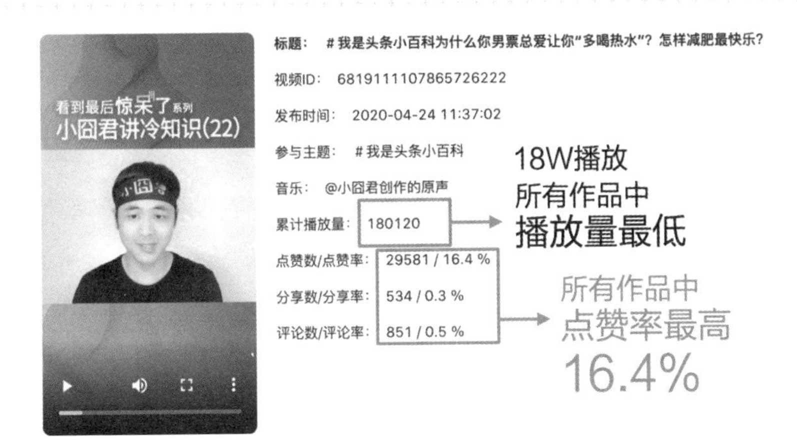


图 21-2　笔者短视频数据截图

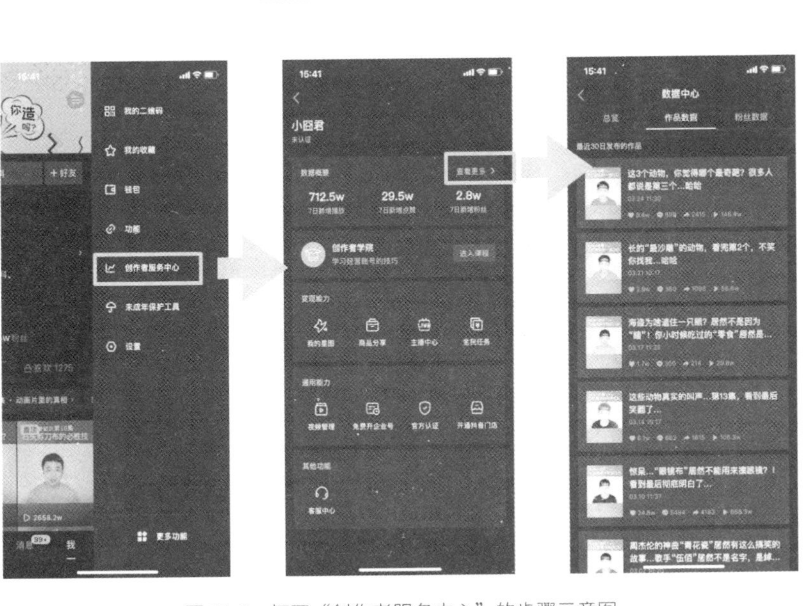


图 21-3　打开"创作者服务中心"的步骤示意图

通过查看数据发现，33 秒的短视频，平均播放时长只有 20 秒。通过查看"观看分析"的曲线可以看到，完播率只有 28%。为了更直观地了解，下面我们同时展示了完播率较好的一个爆款视频数据。很显然，完播率较好的那条爆款视频，播放曲线要平滑很多，完播率达到了 69%，同时播放量 180 多万，收获点赞 11 万。

通过查看“观看分析”的曲线可以发现，短视频的完播率之所以会出现问题，是因为从刚开始，曲线就呈现非常陡峭地下滑趋势（如图 21-4 中的左图），这说明，很多人在第一秒、第二秒就直接划走了。很显然，原因应是该条视频的开头没做好，有可能是话题不够吸引人，或者是开头的话术没引导好。笔者得到这样的分析结果后，反思并寻找解决的方法，通过修改“选题和开头”，来对下一个视频进行迭代。

以上是笔者分析一个短视频的数据过程，可以简单归纳为，先从“抖音企业管理平台”找到播放量较低的视频；然后查看数据，发现数据正常，排查后需要查看完播率；然后到“创作者服务中心”中查看完播率，通过对“观看分析”的曲线分析，找到了播放量低的原因——短视频开头没做好，最后找到解决方案，即下一个短视频需要修改“选题和开头”。

除此之外，笔者通常还会在“创作者服务中心”中查看“赞粉比”和“主页到访转粉比”，赞粉比没有平台直接进行计算，须主播们自己手动计算，计算方法是，在“创作者服务中心”找到某短视频的当日“新增点赞量”和“粉丝净增量”，比如图 21-5 中的获赞量是 11.47 万，粉丝增量是 1.08 万，那么当天发布的短视频赞粉比为 10∶1。

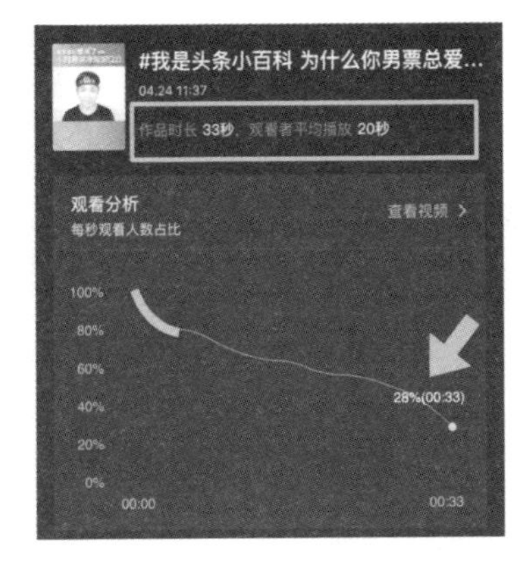


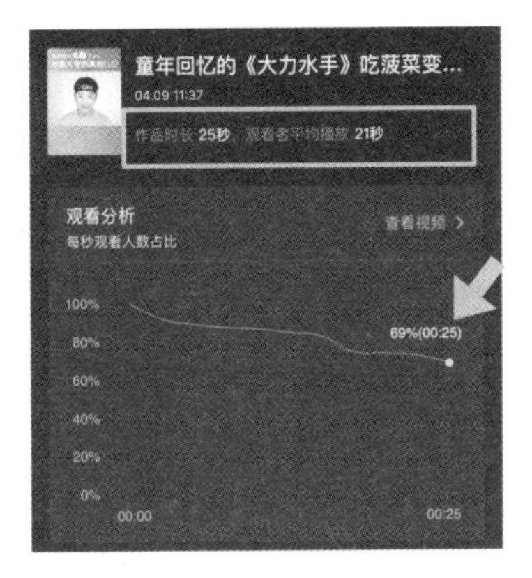


图 21-4 “观看分析”的对比示意图（左图数据不理想，右图为爆款视频）

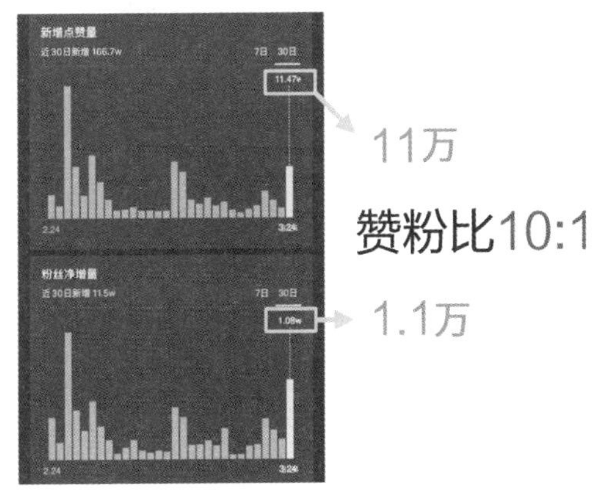


图 21-5 抖音“创作者服务中心”中“赞粉比”计算方法

前文提到，赞粉比较为理想的比例，是控制在 15:1 以内，笔者的短视频达到了这个比例，所以无须优化；但如果高于这个比例，就需要去优化主播的人设了，因为很可能是主播的内容很好，但是人设不够吸引人。

再看一下“主页到访转粉比”，它是看过主播主页的人，转化成粉丝的比例。比如这一天，主页到访人数为 4.6 万，粉丝增量为 1.08 万，主页到访转粉比大概就是 4:1。主页到访转粉比，比较理想的比例是 8:1 以内。笔者的短视频达到了这个比例，所以无须优化，如果高于这个比例，那主播就需要去优化你的主页了，详细方法，可参照前文内容。

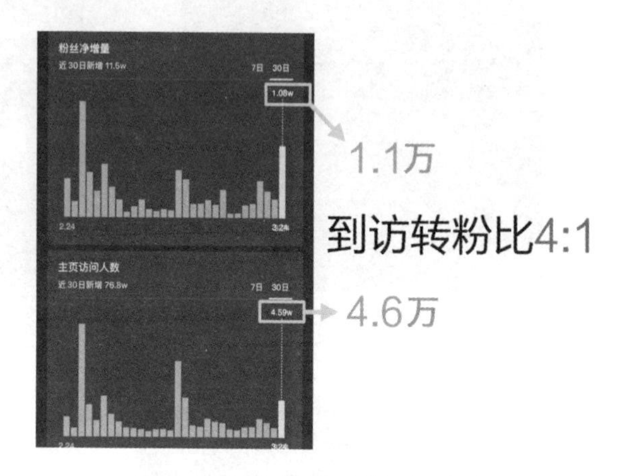


图 21-6　抖音“创作者服务中心”中“主页到访转粉比”计算方法

分析作品相关数据的过程，就是主播不断去完善六大指标的过程，而在这过程中，需要找到各项指标之间的平衡点，因为有的时候，这些数据之间是冲突的。比如笔者的“动画片系列”中的一个短视频，“创作者服务中心”相关数据显示，该短视频有 700 多万的播放量，17 秒的短视频，平均每个人看了 16 秒，在查看详细的“观看分析”曲线时发现，完播率达到了 68%，但是在视频最后的部分比较陡峭，也就是部分观众在这段时间就划走了。按照正常的思路分析，这一段短视频影响了完播率，笔者需要在下一次做短视频时删除相关内容，就可以得到更高的完播率了。

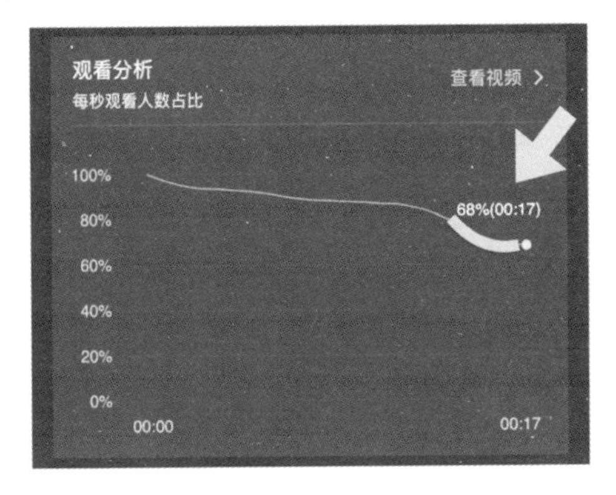


图 21-7　抖音“创作者服务中心”中“观看分析”曲线示意图

笔者通过对该短视频的检查后发现，影响完播率的这段视频恰好是视频结尾的“下集预告”，有些观众不想看下集预告，所以就直接跳出了，从而影响了完播率。可是在“点赞分析”曲线时发现。同样的时间段里，点赞量骤增，很多观众看到这里的时候点赞了。

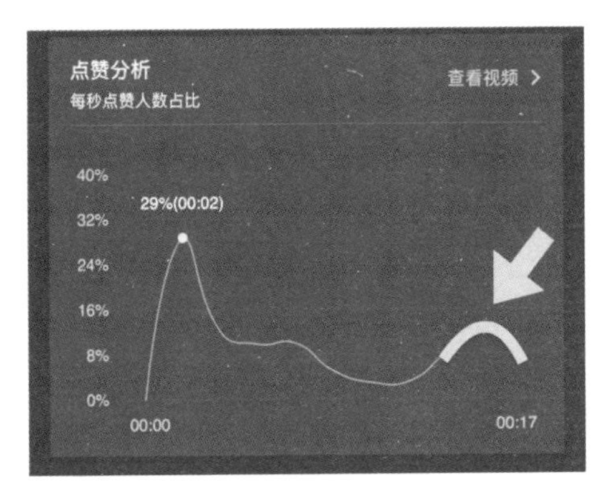


图 21-8　抖音“创作者服务中心”中“点赞分析”曲线

有些观众看到短视频结尾的预告以后，他会想看下一集的内容，所以点了个赞，其实本质是收藏，想下次还能找到笔者；还有一些人，对主播的预告有兴趣，想说几句，所以就会评论，评论的同时，视频还在播放，复播率又增加了。

也就是说，短视频结尾添加的“预告”放弃了一些完播率，换取了点赞率 + 评论率 + 复播率，而根据笔者的经验，这样是非常值得的，因为所有的数据指标的目的都只有一个，就是增加短视频的观看量，很明显，这个目的实现了。

所以主播平时在做视频数据分析时候，不能单看某一个指标，而是需要将这些数据之间做平衡和取舍。如果主播要在短视频里设计一些非常精彩的内容，这一定程度上可能会影响完播率，但是同时能提高点赞率、评论率和转发率。我们建议，主播应去多尝试几次，这样主播就会找到感觉、找到平衡点了。

## 21.2 粉丝特征分析

“作品数据分析”关注的是“短视频”，而“粉丝特征分析”，关注的是“观众”，毕竟短视频最终是给观众看的，只有将粉丝的一切了解透彻，成为他们肚子里的“蛔虫”，那么拍出粉丝喜欢的爆款短视频就轻而易举了。

笔者通常是通过飞瓜数据来查看“粉丝画像”相关的数据，登录后就能找到主播粉丝特征分析，包含粉丝的性别分布、年龄分布、地域分布、星座分布等基础数据。

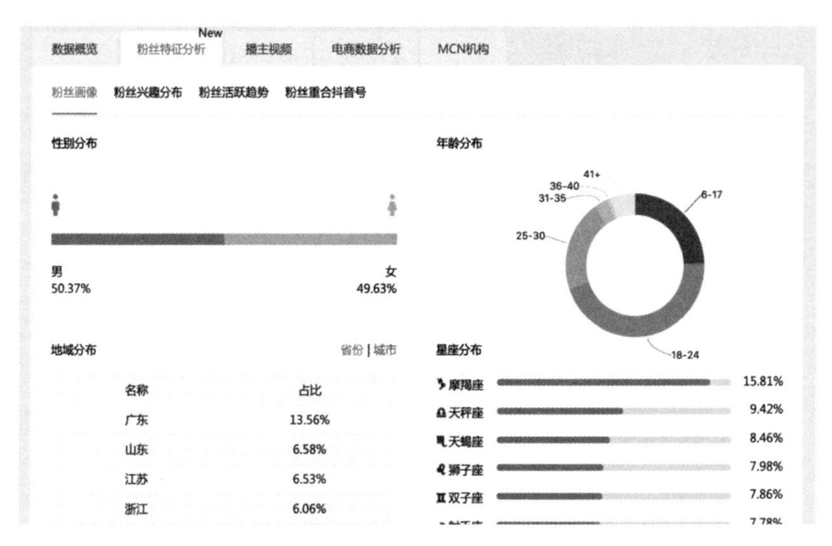


图 21-9 “飞瓜数据”中查看粉丝画像示意图

首先，主播需要判断已有的短视频粉丝，是不是和自己的变现目标匹配。如果这些粉丝不是主播的目标人群，那么主播就需要考虑调整短视频内容，很可能是主播短视频的方向错了，吸引了很多和自己预期的目标人群不匹配的粉丝。比如，笔者在一次一对一的咨询中，有一位做时尚美妆的主播带货效果不理想，通过“粉丝画像”分析发现，粉丝里绝大部分是处于 41 岁以上的人群，所以笔者就建议她调整短视频内容，并提供了一整套解决方案，帮助她精准地吸引到了目标粉丝。

当粉丝和主播的目标匹配时，接下来就要查看“粉丝兴趣分布”了。在前文“选题”中提到，须结合“目标受众的喜好和痛点”，来确定短视频选题，而目标观众的喜好，就在这些数据中体现。比如，笔者在 2019 年 11 月 24 日开始出的“动画片系列”，总播放量达到了 5700 多万，而这个主题的选题灵感，就是从粉丝兴趣分布中看到数据而得来的，这比主播凭感觉来选题要靠谱很多。

许多主播都会有“什么时间发短视频可以让更多粉丝看到”这样的疑问，通过“粉丝活跃趋势”这个数据，可以让主播快速地找到解决这个问题的方法。比如主播的粉丝在中午 12 点这个时间最活跃，那么，主播就可以选择在这个时间点发布短视频。

粉丝特征的最后一个数据，是粉丝重合抖音号。粉丝重合抖音号，是指和主播账号粉丝重合度高的其他账号。比如说，有很多观众是主播本人的粉丝，同时也是其他一些主播的粉丝。

这里出现的重合抖音号，并不是主播的竞争对手，比如，Tripp 是做美食的主播，Kern 是做化妆品的主播，他们的粉丝都喜欢时尚和育儿，但 Tripp 和 Kern 的短视频内容完全不同，根本不是竞争对手。

“粉丝重合抖音号”不是寻找竞争对手的，那么它的作用是什么呢？它是在使用抖音的“抖加”功能时，能精准投放给用户的一个非常好的利器。有时候主播制作出了一条质量不错的短视频，主播通过购买少量“抖加”来给它助助力，这样可以达到为视频助力加热的目的。但是，在抖加里买流量是随机推送给人群的，很可能推送到不是主播的目标观众中，这样不但得不到很好的观众反馈数据，还会导致相关

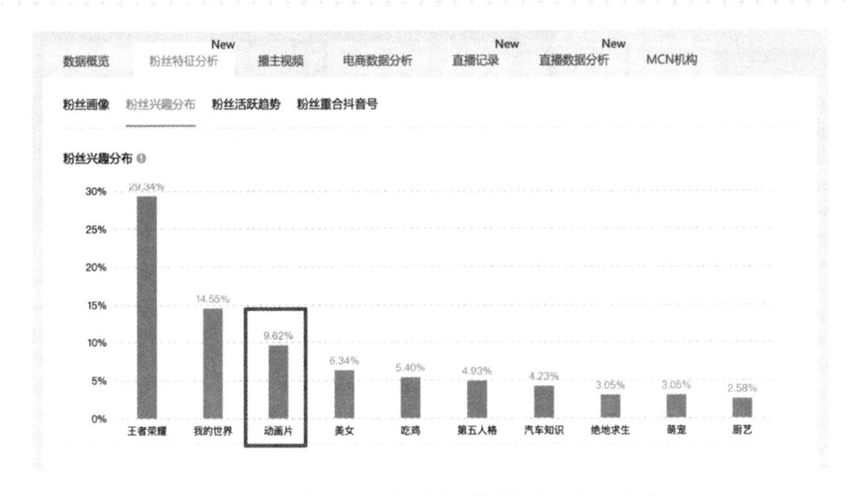


图 21-10 “飞瓜数据”中查看粉丝兴趣分布示意图

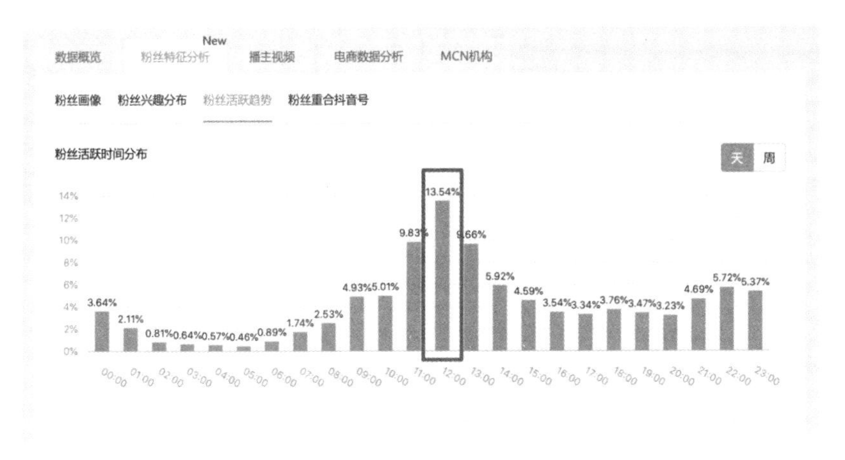


图 21-11 “飞瓜数据”中查看粉丝活跃趋势

数据下行。

但当主播知道了和自己粉丝重合度高的账号时，那么在做抖加的时候，就可以去选择“达人相似粉丝推荐”，然后输入这些账号，抖音在推荐短视频给观众时，就会推送给这些精准的粉丝。

图 21-12 “抖加”中选择则“达人相似粉丝推荐”

以上总结了通过“飞瓜数据”来分析粉丝特征数据的几点建议，它们能给主播的短视频制作提供非常重要的参考数据。

## 21.3 竞者分析

最后一个数据指标就是“竞者分析”，竞者分析的目的并不是找到竞争对手将他打压，而是主播需要学习这些竞争对手。所以，本小节更合适的标题，可为“强者分析”。

做“强者分析”，首先需要做的就是分辨哪些是强者，上文已经介绍了通过“飞瓜数据”的排行榜来找到自己领域的大号的方法。接下来我们将通过一个案例来说明找到“强者”的方法，并对其进行详细分析。

2019 年 4 月，笔者尝试孵化一个女性穿搭类的主播 Kathy，前期笔者需要找一些同类的优质账号做分析并做样本仿效。偶然间发现了一个看起来很“优质”的穿搭账号——粉丝 100 多万，作品数据都很好，粉丝也很活跃。所以，笔者准备研究一下这个账号。

通过在飞瓜数据的分析后发现，这个账号并不是看起来那么的“优质”，

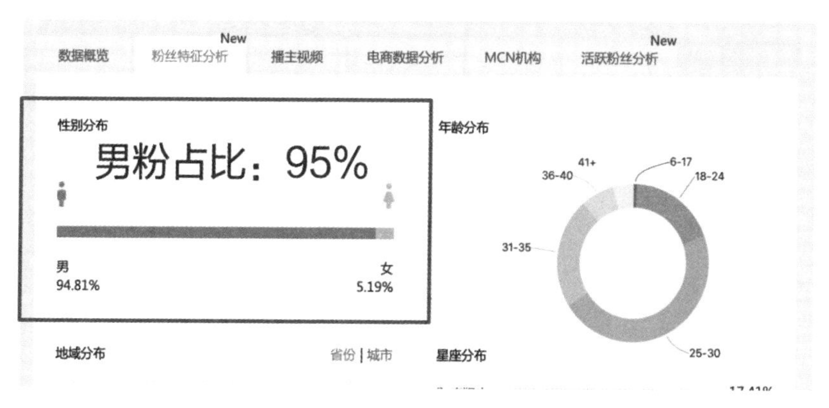


图 21-13 “竞者分析”的粉丝特征分析案例 1

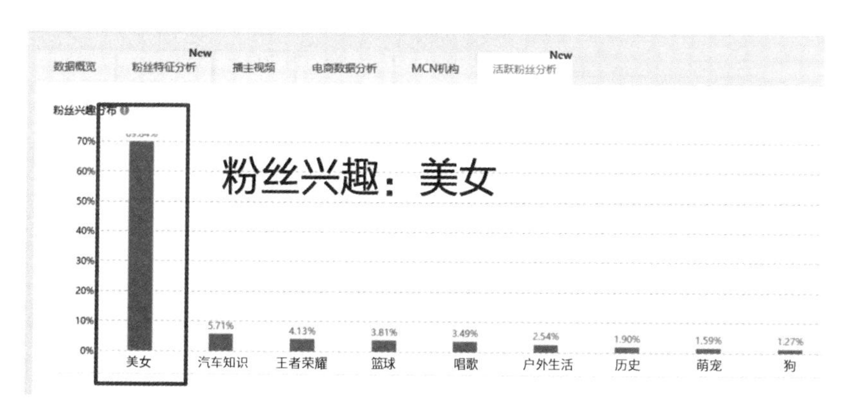


图 21-14 “竞者分析”的活跃粉丝分析案例

它的问题非常大。首先，通过对这个账号的粉丝特征分析，发现其粉丝中男性占比将近 95%，这是一个教“女性穿搭”的账号，男性粉丝这么多，非常不理想。

而在查看粉丝兴趣分布时发现，这个账号的粉丝的兴趣绝大多数集中在“美女”上。

进一步，再去查看这个账号短视频下的留言后发现，很多留言内容都是聚焦于主播的美貌或者“想看主播穿比基尼”之类的话题，再结合“飞瓜数据”里该账号的“直播变现数据”，一个月的销售额不到 3000 元这个数据，基本可以判定这是一个粉丝群体和账号定位严重不匹配的账号。对于“服装带货”这个定位来说，起不到商业转化的作用。所以，这样的账号没有成为笔者孵化主播 Kathy 时用来仿效的正确对象。

通过浏览，笔者找到了另一个真正优质的女性穿搭类账号，通过对粉丝特征分析后发现，这个账号的粉丝画像中，女性粉丝占了 85%以上。

“活跃粉丝分析”数据显示，该账号粉丝的爱好分布集中在“搭配技巧”方面，可以说粉丝定位非常精准。

进一步分析其带货数据，近一个月，该账号的带货销售额达到了 80 多万元。通过以上种种数据表现，我们可以确定，这个账号就是

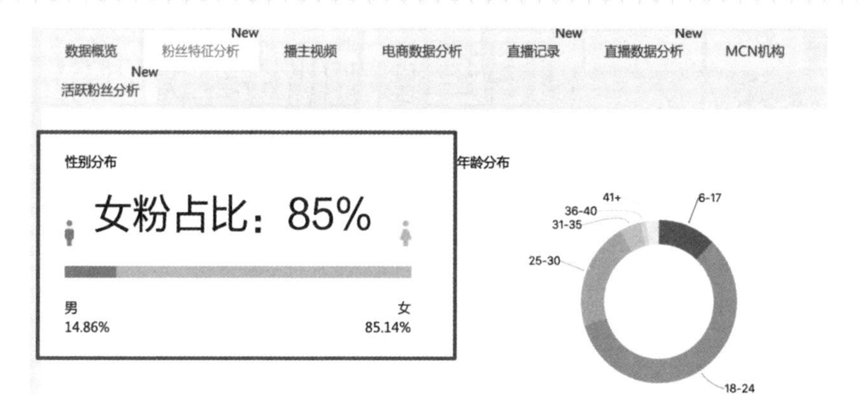


图 21-15 “竞者分析”的粉丝特征分析案例 2

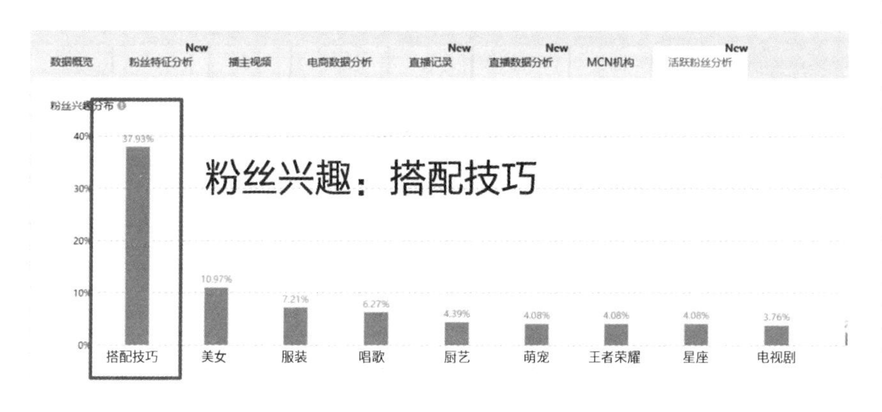


图 21-16 “竞者分析”的活跃粉丝分析案例 2

笔者孵化主播 Kathy 的一个理想的学习对象。然后，笔者就让 Kathy 去学习这类账号的短视频方法和套路，在借鉴其优势的基础上，融入 Kathy 自己的特点。

本章节通过“作品数据分析”，“粉丝特征分析”以及“竞者分析”这三个维度，详细介绍了如何通过数据分析，科学地提升主播短视频播放量的方法，主播通过这三个维度的分析，可以协助自己在短视频的创作之路上少走弯路，更顺利地达到成为百万粉丝大咖的目标。

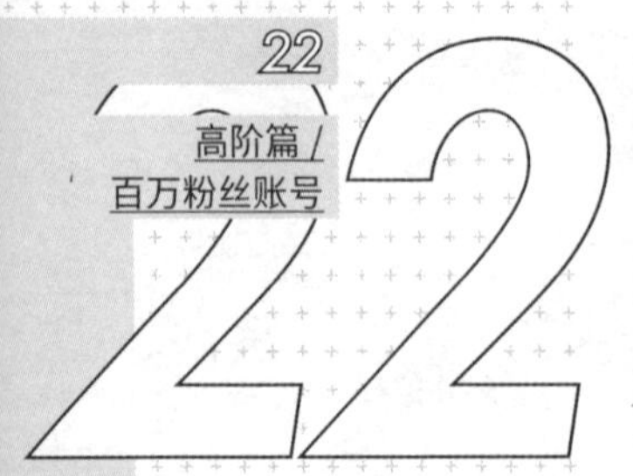


# 悟道：抓住事物的底层逻辑，发现世界变得无比简单

在本书前言中，笔者曾经说过：在这本书里，你不仅可以获得“野蛮涨粉”的“术”，让你掌握方法，为己所用；还能获得“野蛮涨粉”的“道”，让你悟到本质，融会贯通。

我们在生活或工作中，经常会遇到很多的难点、瓶颈，表面上看，它们都是各式各样不相同的问题，但实际上很多问题的底层逻辑都是互证的，世界上的问题数以亿万计，但大的底层逻辑仍旧有相通之处。

举个例子，同样都是血肉之躯的人，为什么很多普通打工者起早贪黑劳苦一生赚的钱，可能还不及一个网红做一场直播带货所得？这样一个看似不合理但普遍存在的现象，它的底层逻辑是什么呢？网红拥有强大的引流和转化能力，他服务于流量池里数以万计的人；而绝大多数打工者只是拥有一项随时可能被替代的技能，并且他只服务于他的老板一个人。

这个底层逻辑你一定也明白了，这一切区别的本质，就是流量。清楚了这个底层逻辑，那你就能看懂很多现象。

比如，为什么很多明星出镜一场广告代言，代言费就是天价？

再比如，为什么很多企业家看似不做具体工作，可以坐享其成？

因为他们工作目标聚焦于打造 IP、品牌、产品，吸引流量，以最低的成本获取流量，最后以最高的效率把流量转化成效益。

更进一步说，是因为他们在努力服务于更多的人。

因此，如果你感觉在职场中很艰难，拼命工作但是依然升职加薪无望，那么，首先你要做的，不是谴责你的老板，而是应该思考一下，你的工作服务于多少人？如果你只在为你的老板一个人服务，那就不要抱怨老板了，是你亲手把生杀予夺之权交给他的。

那我们该如何自处呢？方法有很多，其中一个选项就是，围绕流量多做思考。我的选择是，做短视频自媒体，目的就是尝试以自己有限的资源，用最低的成本，撬动更多的流量，让自己可以服务于更多人。这才是脱离职场被动的出路之一。

与其被淹没在数以亿万记的问题海洋中，然后拼命一个一个问题地去解决，莫若探究清晰问题的底层逻辑，以不变应万变，让自己在问题的海洋中冲浪。

在策划完成本书内容的时候，笔者也是秉持这个宗旨，在与读者们交流心得和方法的同时，也在试图和大家一起探寻问题的本质，继而找到方法解决问题。

例如，本文提到过的“三步模型”：跳出能力陷阱、MVP 最小化迭代、锚定目标明确方向，这套方法不仅可以用在短视频定位上，还可以用在很多领域的项目启动阶段：比如，你想创业开一家餐馆，再比如，你要为公司开发一个 app 产品，或者你想在工作之外为自己找一份兼职，等等。

本文中提到的“汽车模型”：定位、选题、人设、平台，以及记忆点，也完全可以用在短视频之外的其他的内容创作领域。比如，你要为公司的年会策划小品，再比如，你要为自己的婚礼设计一段感人的视频，或者你要为自己的产品打造一部宣传片，等等。

任何形式的创作，本质都是在与他人交流，表达自己的理念，而人性都是共通的。我们都面对着同一个天空，有着类似的喜怒哀乐。所以，在这里笔者提供的方法，不是只围绕短视频领域提出的建议，而是针对人性展开的，这就是它的底层逻辑。

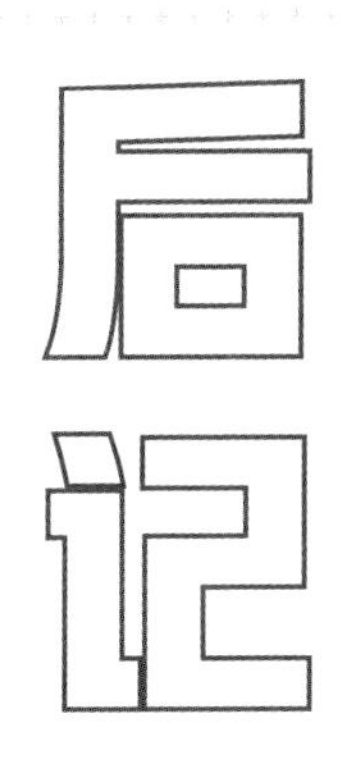


《一本讲透短视频》脱稿的这一天，我长长地舒了一口气。总算了却了这桩心事，完成了当初对自己许诺。如果让我用一句话来概括写这本书时的体会，那一定是：痛并快乐着。

痛，是因为写书真的是件很劳神费力的事，尤其是对我这种有阅读障碍症的人而言。

快乐，一方面是因为把我做自媒体的方法和经验，比较完整系统地总结并记录了下来，这让我收获了满足感；另一方面，则是我又在一个陌生领域做成了一件事。出书这件事，是我以前从未想过的。

回顾过去的一年，从做自媒体到成为一名讲师，再到写书，我似乎一直都在触碰陌生的领域，探究这个表象的背后，其实是我的认知发生了巨大的改变。之前我对于人生发展轨迹的认知，是进入一个领域，从小兵做起，不断精进，最后做到该领域的专家，全程不该有丝毫的“逾越”。

这个认知，不知道从什么时候起，悄悄地发生了改变。我逐渐发现，在这样一个每天都在变化的世界中，你很难预测到未来最热的技能将会是什么，似乎并没有一项技能是可以真正做到“一招鲜，吃遍天”的。我渐渐领悟到孔子说“君子不器”的真正含义，我不再执着于某一项技能，而是研究怎样去跨领域运用技能，怎样获得通识、通用的方法。这就是我过去一年“逾越”行为的底层逻辑，并且我相信，我这种“逾越”，在未来将有增无减。

这本书的诞生，还有一个最重要的“催生素”，那就是我的朋友，前喜马拉雅大学负责人、现任熊苑教育主播IP孵化总监——肖军成先生。回想一下，就在两年前，如果没有军成对我的鼓励和支持，我怎么也不会想到，要把这些摸爬滚打得来的经验，整理成册，在此与诸位分享。借此机会，对肖军成先生在本书出版过程中给予的帮助，表示由衷的感谢！最后，还要感谢复旦大学出版社的资深编辑谷雨老师，感谢她的认可以及付出，在她夜以继日的推动下，本书才得以最终付梓。

最后想表达一下我对《一本讲透短视频》这本书的期望，我期待可以通过这本书，结识更多的同行者，能和这个世界产生更多的连接。罗振宇在《时间的朋友》的演讲词中说到过，人和人的连接：“钱从自己的劳动里来，钱从更多的人与人的连接中来。”我也相信，连接一定会产生价值，放大价值。

因此，不论你在世界的哪个角落，如果你翻到了这本《一本讲透短视频》，你将接收到我的信号，那么欢迎你与我连接。我在不远的地方，等你。

**图书在版编目(CIP)数据**

一本讲透短视频/唐立君著. —上海: 复旦大学出版社, 2022.3
ISBN 978-7-309-16002-4

Ⅰ.①一… Ⅱ.①唐… Ⅲ.①视频制作②网络营销 Ⅳ.①TN948.4②F713.365

中国版本图书馆 CIP 数据核字(2021)第 225420 号

**一本讲透短视频**
唐立君 著
责任编辑/谷 雨

复旦大学出版社有限公司出版发行
上海市国权路 579 号 邮编: 200433
网址: fupnet@fudanpress.com http://www.fudanpress.com
门市零售: 86-21-65102580 团体订购: 86-21-65104505
出版部电话: 86-21-65642845
上海盛通时代印刷有限公司

开本 890×1240 1/32 印张 9.375 字数 269 千
2022 年 3 月第 1 版第 1 次印刷
印数 1—3 000

ISBN 978-7-309-16002-4/T·707
定价: 68.00 元